环境控制工程材料

王浩伟　张亦杰　编著

上海交通大学出版社

内容提要

本书从材料治理环境污染角度出发,根据污染源不同,将环境污染分为水污染、气体污染、噪声污染、电磁污染及其他污染等 5 类,分章节系统介绍了环境材料在环境污染修复及治理中的应用。对各种污染源的产生机理,不同解决途径的优缺点及相应环境控制材料的效果评估进行了较深入详细的介绍。为对环境污染、环境控制及环境材料感兴趣的读者提供一本较深入、系统了解环境控制工程材料的阅读材料。

图书在版编目(CIP)数据

环境控制工程材料 / 王浩伟,张亦杰编著. —上海:
上海交通大学出版社,2017
ISBN 978 - 7 - 313 - 16051 - 5

Ⅰ. ①环…　Ⅱ. ①王… ②张…　Ⅲ. ①环境控制-工
程材料　Ⅳ. ①X32

中国版本图书馆 CIP 数据核字 (2016) 第 257727 号

环境控制工程材料

编　　著:王浩伟　张亦杰
出版发行:上海交通大学出版社　　　　　　地　　址:上海市番禺路 951 号
邮政编码:200030　　　　　　　　　　　　电　　话:021 - 64071208
出 版 人:郑益慧
印　　制:苏州越洋印刷有限公司　　　　　经　　销:全国新华书店
开　　本:787 mm×960 mm　1/16　　　　印　　张:10. 5
字　　数:162 千字
版　　次:2017 年 1 月第 1 版　　　　　　印　　次:2017 年 1 月第 1 次印刷
书　　号:ISBN 978 - 7 - 313 - 16051 - 5/X
定　　价:78. 00 元

前　　言

材料作为人类社会进步的基础和先导,与地球环境、资源、能源等有着十分密切的关系,在人类社会进步、经济发展以及物质文化生活水平的提高等方面有举足轻重的作用。然而,社会工业化进程加快的结果是在不断消耗有限自然资源的同时,加剧着人类生存环境的严重破坏,并导致生态环境的持续不断恶化。因此,如何利用材料本身的优势解决日益加剧的环境污染,是众多学者及科技工作者亟须面对和解决的难题。环境材料是 20 世纪 90 年代初开始形成的一个崭新的材料科学与工程学的研究方向,我国学者将生态环境材料定义为同时具有优良的使用性能和生态环境协调性的材料。其中生态环境协调性是指材料的资源和能源消耗少,再生利用率高,对生态环境污染小。

环境材料作为一个涉及材料科学、环境科学、环境工程学等多学科的综合和交叉的新领域,是一大类具体的物质材料,其研究与开发有助于减轻自然界的环境负荷,并有助于人们客观地评价材料,为发展新材料和改造传统材料提供新的思路。

本书从材料治理环境污染角度出发,介绍水污染治理修复材料、气体污染治理修复材料、噪声污染控制材料以及电磁防护材料、固沙材料等材料的特点及它们在环境修复治理中的应用。本书目的在于让环境科学与工程学科、材料科学与工程学科及其他相关专业大中专院校学生对材料在环境污染修复及治理中的应用有较深入、系统的了解。并以期通过本书的出版,让更多的学生、学者、技术人员了解此类材料在目前环境污染治理中的优缺点,激励更多适合于环境修复治理新材料的诞生。

目　　录

第1章　水污染治理修复材料

1.1　水污染概述

环境问题是当今社会发展所面临的三大主要问题之一,人们在创造空前的物质财富和前所未有的文明同时,也在不断地破坏赖以生存的环境。其中对生命之源——水资源的破坏尤为严重。造成水体污染的因素是多方面的,如向水体排放未经过妥善处理的城市污水和工业废水;施用的化肥、农药及城市地面的污染物,被雨水冲刷,随地面径流而进入水体;随大气扩散的有毒物质通过重力沉降或降水过程而进入水体等。

水是地球上一切生命赖以生存、也是人类生活和生产中不可缺少的基本物质之一。20 世纪以来,由于世界各国工农业的迅速发展、城市人口的剧增,缺水已是当今世界许多国家面临的重大问题,尤其是城市缺水状况逐渐加剧。地球上水的总量约有 14 亿 km³,其中 97% 以上分布在海洋中,淡水量仅占 2.8%,其分布情况如表 1-1 所示。

表 1-1　地球上水的分配比(%)

地球上的水	
海水	97.2
淡水	2.8
淡水的分配	
冰盖、冰川	77.2
地下水、土壤水	22.4
湖泊、沼泽	0.35
大气	0.04
河流	0.01

水资源定义通常是指可供人们经常可用的水量,从表1-1中可看出,水资源的可利用量不到1%,仅是河流、湖泊等地表水和地下水的一部分。

水体污染是指排入水体的污染物在数量上超过了该物质在水体中的本底含量和水体的环境容量,从而导致水体的物理特征、化学特征和生物特征发生不良变化,破坏了水中固有的生态系统,破坏了水体的功能及其在经济发展和人民生活中的作用。人类在生活和生产活动中,需要从天然水体中抽取大量的淡水,并把使用过的生活污水和生产废水排回天然水体中。由于这些污(废)水中含有大量的污染物质,因为它们的排入,污染了天然水体的水质,降低了水体的使用价值,也影响着人类对水体的再利用。为了保护水资源,有效地防止、控制水体污染,我们必须全面了解所排污水及污染物的数量、性质及特征,以及受纳水体的水质水量特征和净化规律。这样才能根据污水和水体的情况,制定相应的技术标准,进而采取有效的治理和控制措施来防止水体污染。

1.2 水体污染物来源

水污染指标是控制和掌握污水处理效果的重要依据,主要包括生化需氧量(BOD)、化学需氧量(COD)、总需氧量(TOD)、总有机碳(TOC)、悬浮物、有毒物质、pH值及大肠菌群数等。

水体中的污染物按其种类和性质一般可分为四大类,既无机无毒物、无机有毒物、有机无毒物和有机有毒物。除此以外,对水体造成污染的还有放射性物质、生物污染物质和热污染等。根据其对人体健康是否直接造成毒害作用而分为有毒或无毒。严格意义上,污水中的污染物质没有绝对无毒害作用的,如多数的污染物,在其低浓度时,对人体健康并没有毒害作用,而达到一定浓度后,则能够呈现出毒害作用。

1.2.1 无机无毒物

污水中的无机无毒物质,大致可分为三种类型。一是属于砂粒、矿渣一类的颗粒状物质;二是酸、碱、无机盐类;三则是氮、磷等植物营养物质。

1)颗粒状污染物质

一般砂粒、土粒及矿渣一类的颗粒状污染物质和有机性颗粒状的污染物质混在一起统称为悬浮物或悬浮固体,在污水中悬浮物可能处于三种状态,部分轻于水的悬浮物浮于水面,在水面形成浮渣,部分比重大于水的悬浮物沉于水底,这部分悬浮物又称为可沉固体。另一部分悬浮物,由于相对密度接近于水而在水中呈真正的悬浮状态。

由于悬浮固体在污水中人是能够看到的,而且它能够使水浑浊,因此,悬浮物是属于感官性的污染指标。悬浮物是水体的主要污染物之一。水体被悬浮物污染,可造成以下主要危害:

(1) 大大降低光的穿透能力,减少水的光合作用并妨碍水体的自净作用。

(2) 对鱼类的危害作用,主要表现在堵塞鱼鳃,导致鱼的死亡,制浆造纸废水中的纸浆对此最为明显。

(3) 水中悬浮物又可能是各种污染物的载体,它可吸附一部分水中的污染物并随水流动迁移。

2) 酸、碱、无机盐类的污染物质

污染水体中的酸主要来自矿山排水及许多工业废水。矿山排水中的酸由硫化矿物的氧化作用而产生,可用总反应式表示:

$$4FeS_2 + 15O_2 + 13H_2O \longrightarrow 8H_2SO_4 + 4Fe(OH)_3 \downarrow$$

产生的酸继续与其他成分反应生成各种盐,主要是硫酸盐。其他水体污染来源如金属加工酸洗车间、黏胶纤维和酸性造纸等排放的酸性工业废水。此外,雨水淋洗含二氧化硫的空气后,汇入地表水体也能形成酸污染。

水体中的碱主要来源于碱法造纸、化学纤维、制碱、制革及炼油等工业废水。酸性废水与碱性废水相互中和产生各种盐类,它们与地表物质相互反应,也可能生成无机盐类,因此酸和碱的污染必然伴随着无机盐类的污染。

由于酸、碱废水排入天然水体后能和水体中的各种矿物质相互作用而被同化,因此天然水体对排入的酸碱有较强的净化作用。

酸排入水体后与水体中的长石、黏土和石灰岩、白云石等作用而被同化,如

$$4H_2SO_4 + 2(Na \cdot K)AlSi_3O_3 \longrightarrow (Na \cdot K)_2SO_4 + Al_2(SO_4)_3 + 6SiO_2 + 4H_2O$$

或

$$H_2SO_4 + (Ca、Mg)CO_2 \longrightarrow (Ca、Mg)SO_4 + H_2O + CO_2$$

而碱则通过与硅石和游离碳酸反应而被同化,如

$$2(Na、K)OH + SiO_2 \longrightarrow (Na、K)_2SiO_3 + H_2O$$

$$2(Na、K)OH + CO_2 \longrightarrow (Na、K)_2CO_3 + H_2O$$

水体中的这些反应对保护天然水体如缓冲天然水的 pH 值的变化有重要意义。

酸、碱污染水体,使水体的 pH 值发生变化,破坏自然缓冲作用,消灭或抑制微生物生长,妨碍水体自净,如长期遭受酸碱污染,水质逐渐恶化、周围土壤酸化,危害渔业生产。

3)氮、磷等植物营养物

营养物质是指促使水中植物生长,从而加速水体富营养化的各种物质,主要是指氮、磷。天然水体中过量的植物营养物质主要来自农田施肥、农业废弃物、城市生活污水和某些工业废水。

污水中的氮可分为有机氮和无机氮两类,前者是含氮化合物,如蛋白质、多肽、氨基酸和尿素等,后者则指氨氮、亚硝酸态氮、硝酸态氮等,它们中大部分直接来自城市生活污水,但也有一部分是有机氮经微生物分解转化作用而形成的。另外,农业废弃物(植物秸秆、牲畜粪便等)是水体中氮化合物的重要来源。

富营养化是湖泊水体老化的一种自然现象。在自然界物质的正常循环过程中,湖泊将由贫营养湖发展为富营养湖,进一步又发展为沼泽地和干地,但这一历程需要很长的时间,在自然条件下需要几万年甚至几十万年,但富营养化将大大地促进这一进程。如果氮、磷等植物营养物质大量而连续地进入湖泊、水库及海湾等缓流水体,将促进各种水生生物的活性,刺激它们异常繁殖(主要是藻类)。

湖泊水体的富营养化与水体中的氮、磷含量有密切关系。一般总磷和无机氮分别为 20 mg/m³ 和 300 mg/m³,就可以认为水体已处于富营养化的状态。富营养化问题的关键,不是水中营养物的浓度,而是连续不断地流入水体中的营养盐的负荷量。对发生富营养化作用来说,磷的作用远大于氮的作用,磷的含量不是很高时就可以引起富营养化作用。

1.2.2　无机有毒物

根据毒性发作的情况,此类污染物可分为两类,一类是毒性作用快,易为人们所注意;另一类则是通过食物在人体内逐渐富集,达到一定浓度后才显示出症状,不易为人们及时发现,但危害一经形成,则就可能铸成大祸。

1) 非重金属的无机毒性物质

此类污染主要以氰化物(CN)为主。水体中氰化物主要来源于电镀废水、化工厂的含氰废水及金、银选矿废水以及焦炉和高炉的煤气洗涤等。氰化物是剧毒物质,急性中毒抑制细胞呼吸,造成人体组织严重缺氧,人只要口服 $0.3 \sim 0.5$ mg 就会致死。

氰化物排入水体后有较强的自净作用,一般有挥发逸散和氧化分解两种途径。氰化物的挥发逸散主要通过其与水体中的 CO_2 作用生成氰化氢气体逸入大气,水体中 90% 以上的氰化物是通过这一途径而得到去除的。氰化物的氧化分解是氰化物与水中的溶解氧作用生成铵离子和碳酸根。水体中氰化物的氧化作用是在微生物的促进作用下产生的,在一般天然水体条件下,由于微生物氧化作用所造成的氰自净量约占水体中氰总量的 10% 左右。在夏季温度较高,光照良好的最有利条件下,氰自净量可达 30% 左右,冬季由于阳光弱和气温低,这种净化作用则显著减慢。

2) 重金属毒性物质

重金属是构成地壳的物质,在自然界分布非常广泛。重金属在自然环境的各部分均存在着本底含量,在正常的天然水中金属含量均很低。化石燃料的燃烧、采矿和冶炼是向环境释放重金属的最主要污染源,通过废水、废气和废渣向环境中排放重金属。

重金属与一般耗氧的有机物不同,在水体中不能为微生物所降解,只能产生各种形态之间的相互转化以及分散和富集,这个过程称为重金属的迁移。重金属在水体中的迁移主要与沉淀、络合、整合、吸附和氧化还原等作用有关。重金属在水中可以化合物的形态存在,也可以离子形态存在。在地表水体中,重金属化合物的溶解度很小,往往沉积于水底。重金属离子由于带正电,在水中易于被带负电的胶体颗粒所吸附,吸附重金属离子的胶体,可以随水流向下游迁移,但大多数会很快地沉降下来。因此,重金属一般都富集在排放水口下游一定范围内的底泥中,形成一个长期的次生污染源,很难治理。

重金属污染与其他有机化合物的污染不同,其特点主要表现在以下几个方面:

(1) 重金属具有富集性,很难在环境中降解。生物从环境中摄取重金属可以经过食物链的生物放大作用,在较高级生物体内成千万倍地富集起来,水体中的某些重金属甚至可在微生物作用下转化为毒性更强的金属化合物。通过食物进入人体后,重金属在人体内与蛋白质及各种酶发生强烈的相互作用,使它们失去活性,也可能在人体的某些器官中富集,如果超过人体所能耐受的限度,会造成人体急性中毒、亚急性中毒、慢性中毒等,对人体造成很大的危害。

(2) 水体中重金属的毒性不仅取决于金属的种类、理化性质,而且还取决于金属的浓度及存在的价态和形态,即使对动植物体有益的金属元素浓度超过一定数值也会有剧烈的毒性,使动植物中毒,甚至死亡。一般重金属产生毒性的范围大约在 $1 \sim 10$ mg/L 之间,毒性较强的金属如汞、镉等产生毒性的质量浓度范围在 $0.01 \sim 0.001$ mg/L 之间。金属有机化合物(如有机汞、有机铅、有机砷、有机锡等)比相应的金属毒性要强得多;可溶态的金属比颗粒态金属的毒性要大;六价铬比三价铬毒性要大。

(3) 重金属在大气、水体、土壤、生物体中广泛分布,而底泥往往是重金属的储存库和最后的归宿。当环境变化时,底泥中的重金属形态将发生转化并释放造成污染。重金属污染具有隐蔽性、滞后性和不可逆转性、治理周期长、成本高等特点。

现阶段对人类和环境造成严重危害的重金属主要有铅、镉、汞、砷、铬 5 种元素。

铅污染的来源有蒸气烟尘和粉尘两种形式。铅矿的开采、烧结和精炼;含铅金属和合金的熔炼;蓄电池制造;制造 X 线和原子辐射防护材料;无线电元件的喷铅;修、拆旧船、桥梁时的焊割等以蒸气和烟尘形式逸散。用于油漆、颜料、橡胶、玻璃、陶瓷、釉料、药物、塑料、炸药等领域的铅的化合物,主要以粉尘形式逸散,如氧化铅(又称黄丹、密陀僧)、四氧化三铅(又称红丹)、铬酸铅(又称铬黄)等。其中 Sn - Pb 焊料在电器和电子产品中的广泛应用是铅污染源的一个典型代表。尽管电子产品中铅的使用量仅占很小的百分比(约 0.5%),但是对电子组装产品废弃物的主要处理措施之一是填埋,在腐蚀介质的物理化学作用下,生成可溶性的化合物,污染土壤,并在雨水的冲刷作用下进入地表水,变成溶于水的形态,特别是遇到含有硫酸和硝酸的酸性雨,会促进铅的溶出,对生态构成威胁,并渗入到地下水中。铅及其化合物主要通过呼吸道、消化道进入人体内。如果人直接接触有机铅,铅会被皮肤直接吸收后,进入血液循环,进入血液中的铅可迅速被组织吸收,吸收量过多时,就可以产生毒性作用。铅中毒会对儿童产生多器官、多系统、全身性和终身不可逆转的损害。

金属镉本身无毒,但其蒸气有毒,化学物中以镉的氧化物毒性最大。在自然环境中,镉主要以 Cd^{2+} 形式存在,有时以 Cd^+ 存在。镉的主要污染源是电镀、采矿、冶炼、染料、电池和化学工业等排放的废水。人体内的镉是主要通过食物、水和空气进入体内并蓄积下来。镉及其化合物对人体产生的毒性效应主要表现为肺障碍性病症和肾功能不良。此外,长期摄入微量镉,通过器官组织中的积蓄可引起骨痛病。1955 年日本富山县神通川发生的骨痛病使镉污染及其防治引起了世界各国的关注。

汞是在常温常压下唯一以液态存在的金属,汞蒸气有剧毒。汞在自然界以金属汞、无机汞和有机汞的形式存在,其中有机汞的毒性最大。汞污染源类型主要有氯碱生产、汞矿开采、燃煤电厂等。氯碱工业、塑料工业、电池工业和电子工业等排放的废水,是水体中汞的主要来源。而施用含汞农药和含汞污泥肥料,则是土壤中汞的主要来源。据报道,全世界每年向大气中排放总汞的排放量为 4 400～7 500 吨。人体主要通过消化道、呼吸道以及皮肤三种途径吸收汞及其化合物。首次出现在日本九州熊本县的"水俣病"便是典型的汞中毒事件。

砷有黄、灰、黑褐 3 种同素异形体,加热到 613℃,便可不经液态,直接升华成为蒸气,砷蒸气具有一股难闻的大蒜臭味。砷在自然界中主要以硫化物的形式存在,如雌黄和雄黄。砷主要通过消化道和呼吸道进入人体内。在长期食用含无机砷的药物、水以及工作场所暴露的人易发生皮肤癌。急性砷中毒或慢性砷中毒对孩子的危害更大。

金属铬无毒性,有很高的耐腐蚀性,但三价铬有毒,六价铬毒性更大,并具有腐蚀性。六价铬化合物主要应用于制革、纺织品生产、印染、颜料以及镀铬等行业,如含铬废水未达标排放,渗入地下水后会对地下水环境造成污染。此外,含铬废渣的任意堆放,遭雨水冲淋后,大量铬溶渗及流失也是一个重要污染来源,铬是人体必需的微量元素,在肌体的糖代谢和脂代谢中发挥特殊作用。三价铬能够协助胰岛素发挥生物作用,是糖和胆固醇代谢所必需的。但六价铬可透过红细胞膜直接进入红细胞,之后与血红蛋白结合,对人体产生慢性毒害。目前世界公认六价铬和三价铬均有致癌作用。铬化合物还具有致突变作用与细胞遗传毒性。

1.2.3　有机无毒物

这一类物质多属于碳水化合物、蛋白质、脂肪等自然生成的有机物,它们易于生物降解、向稳定的无机物转化。有氧条件下,在好氧微生物的作用下进行转化,这一转化进程较快,产物一般为 CO_2、H_2O 等稳定物质。在无氧条件下,则在厌氧微生物的作用下进行转化,这一进程较慢,而且分两个阶段进行。首先在产酸菌的作用下,形成脂肪酸、醇等中间产物,继而在甲烷菌的作用下形成 H_2O、CH_4、CO_2 等稳定物质,同时释放出硫化氢、硫醇、粪臭素等具有恶臭的气体。

在一般情况下,都是在好氧微生物作用下进行有氧转化,由于好氧微生物的呼吸要消耗水中的溶解氧,因此这类物质在转化过程中都要消耗一定数量的氧,故可称之耗氧物质或需氧污染物。当水体中有机物浓度过高时,微生物消耗大量的氧,往往会使水体中溶解氧浓度急剧下降,甚至耗尽,导致鱼类及其他水生生物死亡。

有机污染物的组成非常复杂,现有的分析技术难以对其一一进行定量测定。因这种污染物的污染特征主要是消耗水中的溶解氧,故实际工作中一般采用氧当量表示水中耗氧有机物含量的指标,如生物化学需氧量(BOD)、化学需氧量(COD)、总需氧量(TOD)和总有机碳(TOC)。

污染水体中的需氧污染物主要来自生活污水、牲畜污水以及屠宰、肉类加工、罐头等食品工业和制革、造纸、印染、焦化等工业废水。从排水的量来看,生活污水是需氧污染物质的最主要来源。有机污染物对水体污染的危害主要在于对渔业水产资源的破坏。水中含有充足的溶解氧是保证鱼类生长、繁殖的必要条件之一,只有极少数的鱼类,如鳝鱼、泥鳅等,在必要时可利用空气中的氧以外,绝大部分鱼类只能用鳃以水中溶解氧呼吸、维持生命活动。当溶解氧不能满足鱼类的要求时,它们即将力图游离这个缺氧地区,而当溶解氧降至更低时,大部分的鱼类就因缺氧窒息而死。当水中溶解氧消失时,水中厌氧菌大量繁殖,在厌氧菌的作用下有机物可能分解放出甲烷和硫化氢等有毒气体,则更不适于鱼类生存。

1.2.4　有机有毒物

这一类物质多属于人工合成的有机物质,如农药(DDT、六六六等有机氯农药)、醛、酮、酚以及聚氯联苯、芳香族氨基化合物、高分子合成聚合物(塑料、合成橡胶、人造纤维)、染料等。其主要污染特征如下:

(1) 比较稳定,不易被微生物分解,所以又称难降解有机污染物。以有机氯农药为例,由于它们具有很强的化学稳定性,在自然环境中的半衰期为十几年到几十年。

(2) 它们都有害于人类健康,只是危害程度和作用方式不同。如聚氯联苯、联苯氨是较强的致癌物质,酚醛以及有机氯农药等达到一定浓度后,也都有害于人体健康及生物的生长繁殖。

(3) 这一类物质在某些条件下,好氧微生物也能够对其进行分解,因此,也能够消耗水体中的溶解氧,但速度较慢。

人们使用的有机氯化合物有几千种,其中污染广泛,引起普遍注意的是多氯联苯(PCB)和有机氯农药。多氯联苯是一氯联苯、二氯联苯、三氯联苯等的混合物,它的毒性与它的成分有关,含氯原子越多的组分,越易在人体脂肪组织和器官中蓄积,越不易排泄,毒性就越大。其流入水体后,大部分以浑浊状态存在,或吸附于微粒物质上。由于它化学性质稳定,不易氧化、水解并难以生化分解,所以多氯联苯可长期保存在水中。多氯联苯可通过水体中生物的食物链富集作用,在鱼、贝体内浓度累积至几万甚至几十万倍,从而污染供人食用的水产品。其毒性主要表现为:影响皮肤、神经、肝脏,破坏钙的代谢,导致骨骼、牙齿的损害,并有亚急性、慢性致癌和致遗传变异等可能性。

有机氯农药是疏水性亲油物质,能够为胶体颗粒和油粒所吸附并随其在水中扩散。水生生物对有机氯农药同样有很强的富集能力,在水生生物体内的有机氯农药含量可比水中的含量高几千到几百万倍,通过食物链进入人体,累积在脂肪含量高的组织中,达到一定浓度后,即将显示出对人体的毒害作用。有机氯农药的污染是世界性的,从水体中的浮游生物到鱼类,从家禽、家畜到野生动物体内,几乎都可以测出有机氯农药。

有机有毒物质也属于耗氧物质,其污染指标也可以使用 BOD 表示,但它们有些又属于难降解物质,在使用 BOD 指标时可能产生较大的误差。在表示其在水体中含量及其污水被污染程度方面,还经常采用各种物质的专用指标,如挥发酚、醛、酮以及 DDT、有机氮农药等。

1.2.5　石油类污染物

近年以来,石油及其油类制品对水体的污染比较突出,在石油开采、储运、炼制和使用过程中,排出的废油和含油废水使水体遭受污染。石油化工、机械制造行业排放的废水也含有各种油类。随着石油事业的迅速发展,油类物质对水体的污染日益严重,在各类水体中以海洋受到油污染尤为严重。目前通过不同途径排入海洋的石油数量每年为几百万至一千万吨。

石油进入海洋后不仅影响海洋生物的生长、降低海滨环境的使用价值、破坏海岸设施,还可能影响局部地区的水文气象条件和降低海洋的自净能力。海洋石油污染的最大危害是对海洋生物的影响。水中含油 0.1～0.01 mL/L 时对鱼类及水生生物就会产生有害影响。

1.3　水污染处理及其治理修复材料

现代水污染处理技术按其作用原理可分为物理法、化学法、物理化学法和生物处理法四大类。

1) 物理法

通过物理作用分离、回收污水中不溶解的呈悬浮状的污染物质(包括油膜和油珠),在处理过程中不改变其化学性质。物理法操作简单、经济,常采用的有重力分离法、离心分离法、过滤法及蒸发、结晶法等。

2) 化学法

向污水中投加某种化学物质,利用化学反应来分离、回收污水中的某些污染物质,或使其转化为无害的物质。常用的方法有化学沉淀法、混凝法、中和法、氧化还原法等。

3）物理化学法

在工业污水的回收利用中，经常遇到物质由一相转移到另一相的过程，例如用汽提法回收含酚污水时，酚由液相（水）转移到气相中，其他如萃取、吸附、离子交换、吹脱等物理化学方法都是传质过程。利用这些操作过程处理或回收利用工业废水的方法可称为物理化学法。工业废水在应用物理化学法进行处理或回收利用之前，一般均需先经过预处理，尽量去除废水中的悬浮物、油类、有害气体等杂质，或调整废水的 pH 值，以便提高回收效率及减少损耗。常采用的物理化学法有萃取法、吸附法、离子交换法及电渗析法等。

4）生物处理法

利用微生物新陈代谢功能，使污水中呈溶解和胶体状态的污染物被降解并转化为无害的物质，使污水得以净化，属于生物处理法的工艺又可以根据参与作用的微生物种类和供氧情况，分为好氧生物处理及厌氧生物处理。

从水污染处理技术分类不难看出，用于污水处理的材料主要有固液分离材料、沉淀分离材料和氧化还原材料。

1.3.1　固液分离材料

目前，用于废水固液分离的材料包括过滤材料、吸附分离材料和膜分离材料等。

1.3.1.1　过滤材料

过滤是分离、收集分散于气体或液体中颗粒状物质的过程，目前过滤无论在水的处理还是废气的治理上应用都非常普遍。过滤材料是水处理滤池或除尘设备中最重要的组成部分，是完成过滤的主要介质。根据形状分类，过滤材料可分为颗粒状、纤维状等；根据组成分类，可分为天然矿物滤料、合金滤料、合成高分子材料滤料和复合滤料等。

1）颗粒滤料

颗粒滤料主要用于水中悬浮物的过滤去除，也可用于废气治理。当水和废气通过粒状滤料床层时，其中的悬浮颗粒和胶体就被截留在滤料的表面和内部空隙中，这种通过粒状介质层分离不溶性污染物的方法称为粒状介质过滤。它既可用于活性炭吸附和离子交换等深度处理过程之前作为预处理过程，也可用于化学混凝和生化处理之后作为后处理过程。

颗粒滤料的过滤机理,可概括为以下几个方面:

(1) 阻力截留。

当原水自上而下流过粒状滤料层时,粒径较大的悬浮颗粒首先被截留在表层滤料的空隙中,从而使此层滤料间的空隙越来越小,截污能力随之变得越来越高,结果逐渐形成一层主要由被截留的固体颗粒构成的滤膜,并由它起主要的过滤作用,这种作用属于阻力截留或筛滤作用。筛滤作用的强度,主要取决于表层滤料的最小粒径和水中悬浮物的粒径,并与过滤速度有关。悬浮物粒径越大,表层滤料和滤速越小,就越容易形成表层筛滤膜,滤膜的截污能力也越高。

(2) 重力沉降。

原水通过滤料层时,众多的滤料表面提供了巨大的沉降面积。据估计,1 m^3 粒径为 0.5 mm 的滤料中就拥有 400 m^2 不受水力冲刷而可供悬浮物沉降的有效面积,形成无数的小"沉淀池",悬浮物极易在此沉降下来。重力沉降强度主要与滤料直径和过滤速度有关。滤料越小,沉降面积越大;滤速越小,则水流越平稳,这些都有利于悬浮物的沉降。

(3) 接触絮凝。

由于滤料具有很大的表面积,它与悬浮物之间有明显的物理吸附作用。此外,砂粒在水中常带有表面负电荷,能吸附带正电荷的铁、铝等胶体,从而在滤料表面形成带正电荷的薄膜,并进而吸附带负电荷的黏土和多种有机物等胶体,在砂粒上发生接触絮凝。在大多数情况下,滤料表面对尚未凝聚的胶体还能起接触碰撞的媒介作用,促进其凝聚过程。

在实际过滤过程中,上述三种机理往往同时起作用,只是依条件不同而有主次之分。对粒径较大的悬浮颗粒,以阻力截留为主。由于这一过程主要发生在滤料表层,通常称为表面过滤;对于细微悬浮物,以发生在滤料深层的重力沉降和接触絮凝为主,称为深层过滤。

过滤工艺过程包括过滤和反洗两个基本阶段。过滤即截留污染物,反洗即把被截留的污染物从滤料层中洗去,使之恢复过滤能力。反洗通常用水,有时先用或同时用压缩空气进行辅助表面冲洗。在反冲洗时,滤层膨胀一定高度,滤料处于流化状态。截留和附着于滤料上的悬浮物受到高速反洗水的冲刷而脱落;滤料颗粒在水流中旋转、碰撞和摩擦,也使悬浮物脱落。

颗粒滤料按其材料种类主要分为以下几种：

(1) 改性石英砂滤料。

石英砂是一种广泛用于各种给水处理、污水处理和环境治理的净水材料。由于石英砂滤料表面孔隙少,比表面积和等电点较低,在正常条件下带负电,使得它对水中有毒物质、细菌、病毒和有机物的去除效果很不理想。通过在石英砂表面附着不同功能的物质,改善石英砂滤料表面的性质,制成具有优良吸附性能和一定机械强度的改性滤料,将使石英砂滤料在水处理中具有更广阔的应用前景。

在普通石英砂滤料表面通过化学反应涂上一层改性剂(通常为金属氧化物和氢氧化物),从而改变滤料颗粒表面物理化学性质,以提高滤料对某些特殊物质的吸附能力及增强滤料的截污能力,达到改善出水水质的目的。常用的改性石英砂滤料有铁盐改性石英砂、涂铁铝石英砂等。

(2) 多孔陶瓷滤料。

多孔陶瓷是一种新型的功能材料,结合了多孔材料的高比表面积和陶瓷材料的物理、化学稳定性,具有一定尺寸和数量的孔隙结构。通常孔隙度较大,而孔隙结构作为有用结构存在。

由于多孔陶瓷特殊的结构,当滤液通过时,其中的悬浮物、胶体物和微生物等污染物质被阻截在过滤介质表面或内部,同时附着在污染物上的病毒等也一起被截留。该过程是吸附、表面过滤和深层过滤相结合的过程,且以深层过滤为主。由于它具有充分发育的孔结构,使其比表面积较大,能够吸附水中微小的悬浮物,主要以物理吸附为主。表面过滤主要发生在过滤介质的表面,多孔陶瓷起一层筛滤的作用,大于微孔孔径的颗粒被截留,被截留的颗粒在过滤介质表面产生架桥现象,形成了一层滤膜,也能起到重要的过滤作用。

常用的多孔陶瓷滤料有微孔碳化硅陶瓷滤料、硅藻土基陶瓷滤料、粉煤灰基陶瓷滤料等。

(3) Cu-Zn 合金滤料。

Cu-Zn 合金滤料是由高纯度的铜、锌两种金属按一定的比例组合而成的一种水处理材料,商品名 KDF(kinetic degradation fluxion)。

KDF 滤料目前有 KDF55 与 KDF85 两种型号。KDF55 为含 50%铜和50%锌的合金,颜色金黄,呈颗粒状,大小为 0.145~2.00 mm,表观密度为

2.4～2.9 g/cm³,主要用于去除水中余氯及可溶性重金属离子。KDF85 由 85％的铜和 15％的锌组成,红褐色,颗粒直径 0.149～2.00 mm,表观密度 2.2～2.7 g/cm³,对去除水中铁和硫化氢等有特效。目前 KDF 合金滤料已经被用于生活用水深度净化、工业给水净化及废水处理等方面,其净水机理包括电化学氧化还原反应、催化作用和过滤等,其中,电化学氧化还原是其主要的净水机理。

2) 纤维滤料

纤维滤料是指纤维状的过滤材料,与传统的刚性颗粒滤料相比,纤维滤料堆积孔隙较大、密度较小、滤速很大,而床层阻力很小,反冲洗性能较好。由于纤维的吸水率很高,纤维的毛细孔较大,具有较高的比表面积,作为滤料可吸附大量悬浮物而获得较高的脱除率和容量负荷。此外,由于纤维丝束不会发生流失,因此,纤维滤池在反冲洗强度的控制上较颗粒滤料滤池要求低,可使滤料反冲洗更彻底。

随着合成纤维的发展,可供选择的纤维种类和数量越来越多,纤维的物理化学性能也有了很大提高,主要有聚酯纤维、丙纶纤维、玻璃纤维、尼龙、碳纤维等。

(1) 纤维球滤料。

目前,使用的纤维球滤料多由纤维扎结而成,它与传统的刚性滤料相比具有弹性效果好,不上浮水面,孔隙大,工作周期长,水头损失小等优点。在过滤过程中,滤层空隙沿水方向逐渐变小,比较符合理想滤料,上大下小的孔隙分布结构,效率高,滤速快,截污量大,过滤效果好,可再生,用气水反冲洗,适应于各种水质的过滤。

一般的纤维球滤料主要用于去除非含油水中的固体物质、铁、部分细菌,若纤维球滤料用于过滤含油污水,则必须预先改性。改性纤维球滤料由改性纤维丝扎结而成,适用于油田含油污水的精细过滤,也适用于其他含油工业废水的精细过滤。因改性后的纤维丝具有亲水疏油性,反洗再生性能好,是目前较理想的适合于含油污水处理的精细过滤材料。

(2) 纤维束滤料。

纤维束过滤技术成功地解决了纤维滤料在过滤和清洗过程中存在的各种问题,更好地发挥了纤维滤料的特长,实现了理想的深层过滤效应。纤维束过滤可有效地去除水中的悬浮物,并对水中的有机物、胶体等杂质有显著的去除作用,可广泛用于电力、化工、冶金、造纸、纺织、食品等各种工业用水和生活用水及其废水的过滤处理。

纤维束滤料单丝直径可达几十微米至十几微米,具有巨大的比表面积,直径 $50~\mu m$ 纤维丝,比表面积达 $60~000~m^2/m^3$,是一种替代石英砂等粒状滤料的理想滤材,而且过滤阻力较小,打破了粒状滤料的过滤精度由于滤料粒径不能进一步缩小的限制。微小的滤料直径,极大地增大了滤料的比表面积和表面自由能,增加了水中杂质颗粒与滤料的接触机会和滤料的吸附能力,从而提高了过滤效率和截污容量。原水通过纤维过滤后,可有效地去除水中的悬浮物,并对水中的有机物、胶体等杂质有显著的去除作用。

1.3.1.2　吸附分离材料

广义而言,一切固体表面都有吸附作用,但只有多孔物质和磨得很细的物质由于具有巨大的表面积,才能成为吸附分离材料。用于工业使用的吸附分离材料必须满足:吸附能力强、吸附选择性好、吸附平衡浓度低、容易再生和再利用、机械强度好、化学性质稳定、来源广、价格低等。常用的吸附分离材料有活性炭、磺化煤、沸石、活性白土、硅藻土、腐殖质、木炭、木屑、活性氧化铝、活性氧化镁、吸附树脂、微生物吸附剂等。

1) 碳质吸附材料

碳质吸附材料包括颗粒活性炭、活性炭纤维和石墨吸附材料等,主要为非极性类吸附剂。它们主要用于吸附水中污染物,也可用于吸附空气中有机蒸气、氮氧化物和二氧化硫等。其中活性炭是最典型的碳质吸附材料,而应用最早、用途最广的是颗粒活性炭,活性炭纤维是 20 世纪 60 年代出现的、70 年代以来得到迅速发展的活性吸附材料,而石墨吸附材料作为一种新型环境工程材料正在开发利用中。

(1) 颗粒活性炭。

颗粒活性炭外观为暗黑色,具有良好的吸附性能,其化学性质稳定,耐强酸强碱,耐高温,密度比水小,是一种多孔的疏水性吸附剂。

活性炭用于吸附水中微量有机物具有良好的性能,在处理给水中的酚类、着色物质、游离氯以及洗涤剂中的表面活性剂等都有奇特的效果。活性炭对污水源的净化主要是吸附去除水中有机物、颜色、臭味、油、苯酚等。由于活性炭对水中的有机物具有突出的去除能力,对一些难以被生物降解的有机物更有独特的去除效果而被用于制革废水处理、造纸染料化工废水处理、焦化废水处理、无机工业废水处理等。

（2）纤维活性炭。

纤维活性炭作为一种理想的高效吸附材料,由于其具有极大的比表面积、发达的孔结构、吸附脱附速度快、吸附量大等优点而被广泛应用于废水处理,对于含有机污染物的工业废水,可采用纤维活性炭进行吸附处理,如应用于石油化工、炼焦、塑料等行业的苯酚工业废水治理。

（3）膨胀石墨。

膨胀石墨组织上仍由石墨微晶组成,其表面和内部有发达的网络状孔隙结构,因此具有鳞片石墨非极性的特性,在其表面的基团也是非极性的。因此,适合吸附非极性有机大分子,特别是油类物质,是极有发展潜力的一种吸附材料。

2）无机吸附材料

无机吸附剂大多数是天然的无机矿物,这类矿物往往同时具有离子交换性能和吸附性能。常见的无机吸附材料主要有沸石、膨润土、硅藻土、海泡石等。

（1）沸石。

沸石是一族含水的碱或碱土金属网状结构的铝硅酸盐晶体,分为天然沸石和合成沸石,通式为 $M_{n/2} \cdot Al_2O_3 \cdot xSiO_2 \cdot yH_2O$,式中 M 为碱或碱土金属称为沸石中阳离子,$n$ 为其电价,x 为硅铝比。沸石是一种硅酸盐矿物,是一种多微孔、孔结构十分精确的多孔固体,广泛应用于除氟除铁、去除水中氨氮、水中除油等。

（2）膨润土。

膨润土主要成分为蒙脱石,蒙脱石的典型化学式为 $Na_{0.7}(Al_{3.3}Mg_{0.7})Si_8O_{20}(OH)_4 \cdot nH_2O$,是一种层状硅酸盐。经过改性的膨润土具有更好的吸附性能,主要应用于含芳香类化合物有机废水的处理、印染废水的处理以及农药的吸附等。

（3）硅藻土。

硅藻土是一种生物成因的硅质沉积岩,主要化学成分是 SiO_2,还有少量的

Al_2O_3、Fe_2O_3、CaO、MgO 及一定的有机质等。硅藻土可作为水处理剂的载体,能提高絮凝剂的絮凝效果,可提高水的处理量及水的净化质量,降低污水的处理成本。

（4）海泡石。

海泡石的主要化学成分是硅和镁,基本化学式为 $Mg_8Si_2O_{30}(OH)_4(H_2O)H_2O$。海泡石具有巨大的比表面积,较强的离子交换能力,在污水处理、过滤脱色等方面应用越来越广泛。

3）高分子吸附材料

高分子吸附材料种类很多,应用很广,这类材料不但能像无机吸附材料那样通过阳离子交换和孔径选择性吸附分离物质,而且吸附作用包括整合、阴离子与阳离子间的电荷相互作用、化学键合、范德瓦耳斯引力、偶极-偶极相互作用、氢键等无机吸附材料不可比拟的优点。

（1）离子交换树脂。

离子交换树脂是带有可离子化基团的交联聚合物,一般呈珠状或无定形球状。它的两个基本特性是:其骨架或载体是交联聚合物,因而在任何溶剂中都不能使其溶解,也不能使其熔融;聚合物上所带有的功能基可以离子化。离子交换树脂的用途很广,水处理一直是离子交换树脂的最大应用领域,其中包括天然水的软化、脱盐和废水处理。

（2）吸附树脂。

吸附树脂具有立体网状结构,呈多孔海绵状,是一种新型有机吸附材料。吸附树脂最适宜于吸附处理废水中微溶于水,极易溶于甲醇、丙酮等有机溶剂,分子量略大和带极性的有机物,如脱酚、除油、脱色等。

1.3.1.3　膜分离材料

膜分离技术是 21 世纪水处理领域的关键技术,可以去除水中更细小的杂质、溶解态的有机物和无机物,甚至是盐。

膜分离是指在某种外力的推动下,利用过滤性膜的选择透过能力分离、浓缩、提纯、净化水中离子、分子和某些微粒的方法。与其他分离方法相比,膜分离过程中不发生相变化,能量转化率高,在现在的各种海水淡化方法中,反渗透法能耗最低,此外,膜分离一般不需要投加其他物质,可以节省原材料和化学药剂。

目前,反渗透分离技术已成为海水和苦咸水淡化最经济的技术,另外,在各种料液的分离、纯化、浓缩,锅炉水的软化、废液的再生回用等方面发挥着重要作用,国际上通用的反渗透膜材料主要有醋酸纤维素和芳香聚酰胺两大类。

1.3.2　沉淀分离材料

所谓沉淀分离,就是向废水中投加某些化学药剂,使之与水中的污染物发生化学反应,形成难溶的沉淀物,然后进行固液分离,从而去除废水中的污染物。沉淀分离方法是水处理中经常使用的分离工艺,所用的沉淀分离材料包括用于混凝沉淀的混凝剂和化学沉淀的沉淀剂两种。

在现代给水和排水的诸多处理技术中,混凝占有非常重要的地位,是一种应用最广泛、最经济简便的水处理技术。混凝过程达到高效能的关键在于恰当地选择和投加性能优良的混凝剂。在混凝过程中,混凝剂在水中首先发生水解、聚合等化学反应,生成的水解、聚合产物,再与水中的颗粒发生化学吸附、电中和脱稳、吸附架桥或黏附卷扫絮凝等综合作用生成粗大絮凝体,然后经沉淀去除。以上几种作用可能同时产生,或是在特定水质条件下以某种机理为主。此外,混凝效果与作用机理不仅取决于作用混凝剂的物化特性,而且所处理水质特性,如浊度、碱度、pH 以及水中各种无机或有机杂质等有关。

混凝剂分为无机盐类混凝剂、无机高分子混凝剂、有机高分子混凝剂。近年来,铝、铁、硅复合型无机高分子混凝剂的研制已成为热点。它作为一种新型的水处理药剂,克服了传统无机盐类和聚合高分子混凝剂水解的不稳定性问题,降低了粒度,改善了混凝性能。但是,铝盐混凝剂的大量使用,将不可避免地给环境和生物体带来影响。目前,国内用铝盐混凝剂制得的饮用水中铝含量比原水一般高出 1～2 倍,人们已经认识到了自来水中铝残留量对人体的影响。如何在提高混凝剂效能的同时,有效地减少水中残留的铝含量,则是当前研制铝盐混凝剂是值得注意的问题。另外,高铁酸盐絮凝剂是水处理中已广泛使用的絮凝剂,能够有效降解有机物,去除悬浮颗粒以及凝胶。其瓶颈在于生产效率比较低,前处理工艺对其治理效果有一定的影响。因此,研究主要集中在改善制备工艺、提高产率以及产物的稳定性、寻找替代次氯酸盐以及氯化物的氧化剂等方面。

1.3.3　氧化还原材料

氧化还原法是水污染净化中的一种方法,它是通过在水中投加氧化剂或还原剂,使废水中溶解的有机或无机的污染物与药剂发生氧化还原反应。从而使废水中的有毒污染物转化为无毒或微毒物质。

最廉价的氧化剂为空气。空气中的氧具有较强的氧化性,且在介质的 pH 较低时,其氧化性能增强,有利于用空气氧化法处理污水。此法主要用于含硫废水的处理,石油炼制厂、石油化工厂、皮革厂、制药厂等都排出大量含硫废水。硫化物一般以钠盐($NaHS$、Na_2S)或铵盐[NH_4HS、$(NH_4)_2S$]的形式存在于废水中,它们的还原性较强,可以用空气氧化法处理。空气氧化法还可以用于地下水除铁,在缺氧的地下水中常出现二价铁,通过曝气,可以将铁氧化为 $Fe(OH)_3$。

利用空气中的氧或纯氧处理废水中的有机污染物,是一种环境友好型的污水处理方法。在空气氧化的基础上,发展形成了湿式氧化法。湿式氧化是在较高的温度和压力下,用空气中的氧来氧化废水中的溶解和悬浮的有机物和还原性无机物的一种方法。与一般的方法相比,湿式氧化法具有适用范围广、处理效率高、二次污染低、氧化速度快、装置小、可回收能量和有用物料等优点。但用空气中的氧进行氧化反应时活化能很高、反应速度很慢,使其应用受到限制。湿式氧化法处理含大量有机物的污泥和高浓度有机废水,是利用高温(200~3 000℃)、高压(3~15 MPa)的强化空气氧化技术。高压操作难度较大,目前的空气湿式氧化法的发展方向为低压化。在生物污水处理中,有的设计了低压湿式氧化工艺,对一些用生物技术难以处理的有机污染物进行预处理。

工业中用得比较多的氧化剂为氯系氧化剂,包括氯气、次氯酸钠漂白粉、漂白精等,通过在溶液中的电离,生成次氯酸根离子,再水解、歧化产生氧化能力极强的活性基团,用于杀菌分解有机污染物。氯系氧化剂的氧化性较强,在酸性溶液中其氧化性增强,还可通过光辐射或其他辐射的方法来增强其氧化能力。这类氧化剂最重要的氧化成分是二氧化氯,它在水中的溶解速度是氯的 5 倍。二氧化氯遇水迅速分解,生成多种强氧化剂,如次氯酸、氯气、过氧化氢等,这些强氧化剂组合在一起,产生多种氧化能力极强的活性基团,能激发有机环上的不活泼氢,通过脱氢反应生成自由基,成为进一步氧化的诱发剂。自由基还能通过羟基取代反应,将有机芳环上的一些基团取代下来,从而生成不稳定的羟基取代中间体,易于开环裂解,直至完全分解为无机物。如在碱性条件下,氯系氧化剂可把含氰废水中氰化物分解为微毒或无毒物质。

臭氧也是一种理想的环境友好型水处理剂,对水中有机污染物有较好的氧化分解作用。此外,对污水中的有害微生物也有强烈的消毒作用,用臭氧处理难以生物降解的有机污染物,使其转化成容易降解的有机化合物,在污水处理中已开始广泛应用。臭氧由于其在水中有较高的氧化还原电位(2.07 V,仅次于氯),常用来进行杀菌消毒、除臭、除味、脱色等,在饮用水处理中有着广泛的应用。近年来,由于臭氧的发生成本高,而利用率偏低,使臭氧处理的费用较高;臭氧与有机物的反应选择性较强,在低剂量和短时间内臭氧不可能完全矿化污染物,且分解生成的中间产物会阻止臭氧的进一步氧化。因此,提高臭氧利用率和氧化能力就成为臭氧高级氧化的研究热点。

高锰酸盐氧化剂也常用于污水氧化处理过程。最常用的高锰酸盐是高锰酸钾,是一种强氧化剂,其氧化性随 pH 降低而增强。在有机废水处理中,高锰酸盐氧化法主要用于除去酚、氰、硫化物等有害污染物。在给水处理中,高锰酸盐可用于消灭藻类、除臭、除味、除二价铁和二价锰等。高锰酸盐氧化法的优点是出水没异味,易于投配和监测,并易于利用原有水处理设备,如混凝沉淀设备、过滤设备等。反应所生成的水合二氧化锰有利于凝聚和沉淀,特别适于对低浊度废水的处理。其主要缺点是成本高,尚缺乏废水处理运行经验。若将此法与其他处理方法,如空气曝气、氯氧化、活性炭吸附等工艺配合使用,可使处理效率提高,成本下降。

过氧化氢也是一种较好的处理有机废水的氧化剂。过氧化氢与紫外线合并使用,可分解氧化卤代脂肪烃、有机酸等有机污染物。通过添加低剂量的过氧化氢,控制氧化程度,使废水中的有机物发生部分氧化、偶合或聚合,形成分子量适当的中间产物,改善其生物降解性、溶解性及混凝沉淀性,然后通过生化法或混凝沉淀法去除。与深度氧化法相比,过氧化氢部分氧化法可大大节约氧化剂用量,降低处理成本。

废水中的某些金属离子在高价态时毒性很大,可先用还原剂将其还原到低价态,然后分离除去。常用的还原剂包括:① 某些电极电位较低的金属,如铁屑、锌粉等;② 某些带负电的离子,如 $NaBH_4$ 中的 B^{5-};③ 某些带正电的离子,如 Fe^{2+}。

1.3.4　光催化材料

光催化氧化法是目前研究较多的一项高级氧化技术,一般可分为均相和非均相催化两种类型。均相光催化降解中较常见的是以 Fe^{2+} 或 Fe^{3+} 及 H_2O_2 为介质,通过 photo‐fenton 反应产生使污染物得到降解,非均相光催化降解中较常见的是在污染体系中投加一定量的光敏半导体材料,同时结合一定量的光辐射,使光敏半导体在光的照射下激发产生电子‐空穴对,吸附在半导体上的溶解氧、水分子等与电子‐空穴作用,产生·OH 等氧化性极强的自由基,再通过与污染物之间的羟基加和、取代、电子转移等式污染物全部或接近全部矿化。

理论上来说,只要半导体具有合适的能带结构,使得其吸收的光能大于或等于能隙宽度,就能被激发产生光生电子和空穴对,该半导体就可能被用作光催化剂。目前广泛研究的半导体光催化剂大部分为金属的氧化物和硫化物,如 TiO_2、SnO_2、ZnO、V_2O_5、CdS、ZnS、PbS 和 $MoSi_2$ 等。这些半导体中以 TiO_2、CdS 和 ZnO 的催化活性最高,但 CdS 和 ZnO 在光照射时不稳定,且因光阳极腐蚀产生 Cd^{2+}、Zn^{2+} 离子,对生物有毒性,对环境有害。此外,还有一类半导体材料(如 $SrTiO_3$),尽管与 TiO_2 具有同样的光催化性能和稳定性,但是,由于它们的吸收带隙均大于 3.2 eV,不利于可见光的直接吸收和利用,因而没有成为实用的光催化剂。

作为光催化剂 TiO_2 具有以下 4 个优点:

(1) 合适的半导体禁带宽度(3.2 eV),可以用 385 nm 以下的光源激发活化,通过改性有望直接利用太阳能来驱动光催化反应。

(2) 光催化效率高,导带上的电子和价带上的空穴具有很强的氧化‐还原能力,可分解大部分有机污染物。

(3) 化学稳定性好,具有很强的抗光腐蚀性。

(4) 原料无毒且易得,成本较低。

1) TiO_2 的结构与性质

TiO_2 为白色粉末状多晶型化合物,俗称"钛白",化学性质呈惰性,具有优

21

异的颜料特性,对光的折射率高。TiO_2 是常见的 n 型半导体,在自然界中有三种结晶形态:金红石型(四方晶系,$P4_2/mnm$),锐钛矿(四方晶系,$I4_1/amd$),板钛矿(无定型,Pbca)。板钛矿在自然界中很稀有,属斜方晶系,是不稳定的晶型,在 650℃ 左右即转化为金红石型,因而工业价值不高;金红石和锐钛矿都属于四方晶系,但具有不同的晶格。两种晶格均由 TiO_6 八面体基元组成,不同的是八面体的畸变程度和八面体的连接方式不同,如图 1-1 所示。

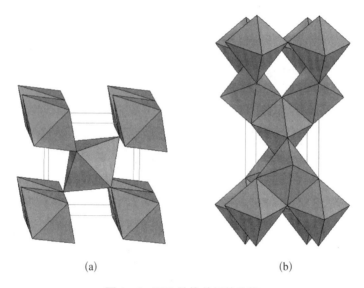

(a)   (b)

图 1-1　TiO_6 结构单元的连接

(a) 共边连接方式(锐钛矿型)　(b) 共顶点连接方式(金红石型)

金红石型的八面体由共顶点组成,不规则,微显斜方晶;锐钛矿由八面体共边组成,呈明显的斜方晶畸变,对称性低于前者。此外金红石 TiO_2 中的每个八面体与周围 10 个八面体相连,而锐钛矿 TiO_2 中每个八面体与周围 8 个八面体相连。锐钛矿 TiO_2 的 Ti—Ti 键长比金红石大,而 Ti—O 键长比金红石小。

组成金红石的 TiO_6 八面体是沿对角线方向拉长的八面体,因而 Ti—O_1 键长比 Ti—O_2 键长略长,但是 O_1—Ti—O_2 的键角没有变化,仍为 90°。而在锐钛矿中,组成金红石的八面体的两个 O_1 沿着四重轴的方向进一步发生畸变,因此锐钛矿八面体中的 O_1—Ti—O_2 不再是 90°,金红石和锐钛矿的基本结构单元如图 1-2 所示。

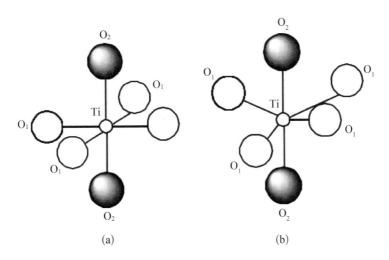

图 1 - 2　金红石和锐钛矿的 TiO₆ 八面体结构

（a）金红石　（b）锐钛矿

晶体结构的差异使得不同晶型的 TiO_2 具有不同的质量密度和电子能带结构。锐钛矿型 TiO_2 的质量密度（3.894 g/cm^3）略小于金红石型 TiO_2（4.250 g/cm^3），带隙（3.3 eV）略大于金红石 TiO_2（3.1 eV），由于金红石型的 TiO_2 的晶格较为紧密,有较大的稳定性和相对密度,因而具有较高的折射率和介电常数以及较低的热传导性。但金红石型 TiO_2 对 O_2 的吸附能力较差,比表面积较小,光生电子和空穴容易复合,其光催化活性较低。金红石和锐钛矿型 TiO_2 物化性质比较如表 1 - 2 所示。

表 1 - 2　金红石和锐钛矿型 TiO_2 的物化性质比较

晶　体　结　构		锐 钛 矿	金 红 石
晶　　系		四方	四方
密度/(g/cm³)		3.894	4.25
晶格常数/10⁻¹⁰ m	a	3.73	4.59
	c	9.37	2.92
折射率		2.53;2.49;2.55	2.62;2.90;2.72
相变温度/℃		642	1 855

晶　体　结　构	锐　钛　矿	金　红　石
热稳定性	<700℃	>1 000℃
对 O_2 吸附能力	强	弱
光催化活性	弱	强

TiO_2 的不同晶型之间可发生转化。金红石相稳定，即使在高温下也不发生转化和分解，而锐钛矿和板钛矿相在加热过程中发生不可逆的放热反应，转变为金红石相。锐钛矿—金红石相转变为非平衡相变，相变发生在一定的温度范围（400～1 000℃），而相变温度与杂质、颗粒大小、表面积等密切相关。另外，压力对 TiO_2 的多形态转变也有明显影响。高压下（大于 2.6 GPa），金红石相和锐钛矿相向高压相转变，压力增大至 37.2 GPa 时相开始向另一高压相相转变。

2）TiO_2 光催化反应原理

TiO_2 是 n 型半导体，它之所以能够作为催化剂，与它自身的结构和特性有关。根据以能带为基础的电子理论，半导体的基本能带结构是由填满电子的价带（valence band，VB）和空的导带（conduction band，CB）构成，价带和导带之间存在禁带。当用能量等于或大于禁带宽度（E_g）的光照射时，半导体价带上的电子可被激发跃迁到导带，同时在价带产生相应的空穴，这样就在半导体内部生成了电子（e^-）-空穴（h^+）对。锐钛矿型 TiO_2 的禁带宽度是 3.2 eV（金红石型 TiO_2 的禁带宽度为 3.4 eV），当它吸收了波长等于或小于 387.5 nm 的光子后，价带中的电子就会被激发到导带，形成带负电的高活性电子 e_{cb}^-，同时在价带上产生带正电的空穴 h_{vb}^+。与金属不同，半导体材料的能带之间缺少连续区域，电子-空穴对一般有皮秒级的寿命，足以使光生电子和光生空穴对经由禁带向来自溶液或气相的吸附在半导体表面的物种转移电荷。空穴可被半导体材料表面被吸附物质或溶剂中的电子，使原本不吸收光的物质被活化并被氧化，电子受体通过接受表面的电子而被还原。

光诱发电子和空穴向吸附的有机/无机污染物或溶剂的转移，是电子和空穴向半导体表面迁移的结果。通常在表面上，半导体能够提供电子去还原电子接受体（在含有空气的水溶液中通常是氧），而空穴则能迁移到表面和供给电子的物种结合,从而使该物种氧化。在这个过程中,电子和空穴的电荷转移过程的速率和可能性取决于导带和价带各自的位置和被吸附物的氧化还原电位。下面以 TiO_2 在水溶液中的光催化反应为例,说明 TiO_2 光催化反应的步骤。

在半导体表面失去电子的主要为水分子、氢氧根离子和有机物,光生空穴能够同吸附在催化剂表面的 OH^- 或 H_2O 发生作用生成氧化能力极强的羟基自由基(·OH)。在 pH＝7 时,羟基自由基的标准氧化还原电位为 2.27 V,是一种比臭氧还要强的氧化剂,能够无选择地氧化多种有机物并使之矿化,通常认为是光催化反应体系中主要活性氧化物种。光生电子的俘获剂主要是吸附在 TiO_2 表面的氧,既可以抑制电子与空穴的复合,也可以作为氧化剂,光生电子可

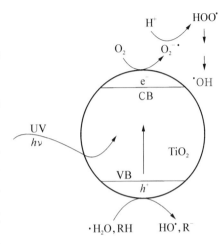

图 1 - 3　半导体光催化反应机理

以与之反应生成 HO_2· 和 O_2^-· 等活性氧类,同时也是表面羟基的另一个来源,半导体光催化反应机理如图 1 - 3 所示。

光催化反应的基本反应式如下:当以波长小于 387.5 nm 的光照射 TiO_2 半导体后,价带中的电子被激发到导带,产生光生电子-空穴对,激发态的导带电子和价带空穴又能重新复合,使光能以热能或其他形式散掉。

$$TiO_2 + h\nu \longrightarrow TiO_2 + h^+ + e^- \tag{1-1}$$

$$h^+ + e \longrightarrow 复合 + 能量(h\nu\ 或热能) \tag{1-2}$$

当催化剂存在合适的俘获剂或表面缺陷态时,电子和空穴的重新复合得到抑制,在它们复合之前,就会在催化剂表面发生氧化-还原反应。价带空穴是良好的氧化剂,导带电子是良好的还原剂,在光催化半导体中,空穴具有更大的反应活性,一般与表面吸附的 OH^- 或 H_2O 发生反应形成具有强氧化性的羟基自由基(·OH)。

$$H_2O + h^+ \longrightarrow ·OH + H^+ \tag{1-3}$$

$$OH^- + h^+ \longrightarrow \cdot OH \qquad (1-4)$$

电子与表面吸附的氧分子反应,分子氧不仅参与还原反应,还是表面羟基自由基的另外一个来源:

$$O_2 + e^- \longrightarrow \cdot O_2^- \qquad (1-5)$$

$$H_2O + \cdot O_2^- \longrightarrow \cdot OOH + OH^- \qquad (1-6)$$

$$2 \cdot OOH \longrightarrow O_2 + H_2O_2 \qquad (1-7)$$

$$\cdot OOH + H_2O + e^- \longrightarrow H_2O_2 + OH^- \qquad (1-8)$$

$$H_2O_2 + e^- \longrightarrow \cdot OH + OH^- \qquad (1-9)$$

反应中所生成的非常活泼的羟基自由基($\cdot OH$),超氧离子自由基($\cdot O_2^-$)以及 $\cdot OOH$ 自由基等氧化性很强的活泼自由基,能够将各种有机物直接氧化成 CO_2 和 H_2O 等无机小分子,不产生中间产物。

从反应历程来看,通过光激发后,TiO_2 产生高活性光生空穴和光生电子,形成氧化-还原体系,经一系列反应产生大量高活性自由基,其中 $\cdot OH$ 是主要的自由基。氧化还原反应由两个半反应组成:氧化反应和还原反应,反应速率由速率较慢的半反应所决定。氧化物的电子还原反应(ms)大大慢于还原物的空穴氧化反应(100 ns)。对于普通的光催化反应,光生电子 e^- 向氧分子 O_2 的转移是催化反应中的控速步骤,因为氧分子需要经过多个步骤才能变成具有强氧化性的羟基自由基($\cdot OH$)或超氧离子自由基($\cdot O_2^-$)等活性基团,从而将有机物彻底降解。

3) TiO_2 光催化活性的影响因素

TiO_2 的光催化活性与多个影响因素有关,不同晶型的 TiO_2 的光催化活性有很大区别,一般来说,锐钛矿型 TiO_2 的光催化活性高于金红石型 TiO_2;在 TiO_2 不同的晶面上物质的光催化活性和选择性也有很大区别;而且实际晶体的表面即使在室温下也存在 Ti^{2+}、Ti^{3+} 等低价钛缺陷,可构成光催化反应的活性中心;另外,温度和溶液 pH 值的影响比较复杂,通常具有双重性;且 TiO_2 的表面结构对光催化活性也有较大影响。在本书中,主要讨论 TiO_2 的晶型和表面微观结构对光催化活性的影响。

(1) TiO_2 的晶型结构对光催化活性的影响。

TiO_2 在自然界中以三种结晶形式存在:金红石型、锐钛矿型和板钛型。

通常认为锐钛矿是活性最高的一种晶型,其次是金红石型,而板钛矿和无定型 TiO_2 没有明显的光催化活性。锐钛矿之所以表现出高的活性,其原因如下:

① 锐钛矿的禁带宽度为 3.2 eV,而金红石的禁带宽度为 3.0 eV,较高的禁带宽度使得锐钛矿的电子空穴对具有更正或者更负的电位,因而具有更强的氧化能力。

② 锐钛矿表面对 H_2O、O_2 及 OH 的吸附能力较强,而在光催化反应中,表面吸附能力对催化活性有很大的影响,较强的吸附能力使得其活性较高。

③ 锐钛矿晶粒在结晶过程中通常具有较小的尺寸及较大的比表面积,对光催化反应有利。

但是,简单地认为锐钛矿比金红石活性高是不严谨的,它们的活性并不仅仅由晶型所决定,而是受到其晶化过程的一些因素的影响。通常在同等条件下无定形 TiO_2 结晶成型时,金红石通常会形成大的晶粒,具有较差的吸附性能,由此导致金红石活性较低;但是,如果在结晶时能保持金红石与锐钛矿同样的晶粒尺寸及表面性质,则金红石也会表现出较高的活性。Lee 等用脉冲激光照射锐钛矿 TiO_2,由于晶体内部产生高温使得晶粒向金红石相转变,相转变的过程中使得比表面积和晶粒保持不变,研究发现这种方法制得的金红石型 TiO_2 表现出相当高的活性。另外 Tsai 等采用不同方法制备锐钛矿和金红石型 TiO_2 光催化降解含酚溶液,研究发现,TiO_2 的活性不仅仅由晶型所决定,而是与制备方法及煅烧温度相关,在一定条件下,由于金红石型 TiO_2 表面存在大量的羟基,从而表现出很高的光催化活性。由此可见,TiO_2 光催化剂的活性不仅仅由其晶型决定,无论是锐钛矿还是金红石相 TiO_2,它们都可能具有较高的光催化活性,而其活性主要取决于晶粒表面的性质以及尺寸大小等因素。

值得注意的是,最近的研究表明:由锐钛矿和金红石以恰当比例组成的混晶通常比单一晶体的活性高。混合晶体表现出较高的活性是因为在结晶过程中,锐钛矿表面形成薄的金红石层,通过金红石层能有效地提高锐钛矿晶型中电子-空穴分离效率,称为混晶效应。Bacsa 等人用醇盐水解的方法制备 TiO_2 光催化剂发现,100%的锐钛矿与 100%的金红石活性同样不高,而不同比例的两者混合体却表现出比纯的锐钛矿或金红石更高的活性,其中尤以 30%金红石和 70%锐钛矿组成的混合晶型的活性最高,由此可见,两种晶型的确具有一定的协同效应。

另外，Ohno 等报道，TiO_2 不同晶型的活性还与电子受体有关：以 O_2 为电子受体时，锐钛矿的活性很高而金红石的活性很低；而以 Fe^{3+} 为电子受体时，金红石表现出更高的活性。由于 O_2 作为电子受体在光催化反应中对催化剂的材质非常敏感，而金红石的表面结构或其较低的导带能势可能是其对 O_2 转输电子效率低的原因。而在大多数光催化反应的研究中，通常以 O_2 作为电子受体，而金红石型以 O_2 作为电子受体时表现出较低的活性，从而常常被认为活性较低。

（2）TiO_2 的表面结构对光催化活性的影响。

一般来说，在以固体为催化剂的多相光催化反应中，催化反应过程发生在催化剂表面上。对于单纯的 TiO_2 光催化剂，影响光催化活性的表面性质有：

① 表面积，尤其是充分接受光照的表面积；

② 表面对光子的吸收能力；

③ 表面对光生电子和空穴的捕获并使其有效地分离的能力；

④ 电荷在表面向底物转移的能力。

表面对光子的吸收能力常难以与光催化活性直接相关联，因为表面的改变通常引起其他结构的变化，直接牵连多个因素的变动，使得其表面结构成为 TiO_2 光催化活性研究中的重点。

4）TiO_2 光催化剂的制备

TiO_2 光催化剂主要有两种形式，即纳米 TiO_2 粉体和 TiO_2 薄膜。

（1）纳米 TiO_2 粉体的制备方法。

目前，制备 TiO_2 粉体的方法可分为物理制备法和化学合成法两大类。

物理制备法是指借助物理加工方法得到纳米尺度结构的 TiO_2 的方法，常用技术有离子溅射法、射频磁控溅射法、机械研磨法等。Anpo 等利用射频磁控溅射的方法在石英基片上得到尺度可控的纳米 TiO_2 薄膜，研究发现，在高温下（如 873 K）用该方法制得的 TiO_2 膜出现严重的氧原子流失，钛氧原子比在膜表面约为 Ti/O＝1.93，TiO_2 膜的吸收边缘也从 387 nm 延伸到了 550 nm 以上。

化学合成法可归纳为气相法和液相法两大类。目前实验室和工业上广泛采用液相法制备纳米粉体 TiO_2，液相法具有低温合成、设备简单、易操作、成本低等优点。气相法是利用气态物质在固体表面进行化学反应,生成固态沉积物的过程。气相法包括气相氧化法、气相水解法、化学气相沉积法等。利用气相法制得的 TiO_2 纳米粉体具有纯度高、粒度小、单分散性好、团聚小等优点,但设备复杂、能耗大、成本高。

① 液相法合成 TiO_2。

液相法合成 TiO_2 主要有液相沉淀法、溶胶-凝胶法、醇盐水解法、微乳液法及水热法等。

a. 液相沉淀法:

液相沉淀法合成纳米 TiO_2 粉体,一般以 $TiCl_4$ 或 $Ti(SO_4)_2$ 等无机钛盐为原料,原料便宜易得,是最经济的制备方法。通常采用的工艺路线是将氨水、$(NH_4)_2CO_3$ 或 NaOH 等碱类物质加入到钛盐溶液中,生成无定形的 $Ti(OH)_4$;将生成的沉淀物过滤、洗涤、干燥后,经 600℃ 左右煅烧得锐钛矿型、800℃ 以上得到金红石型纳米 TiO_2 粉体。

近年来,在缩短制备流程,改进沉淀工艺方面进行了不少研究。赵敬哲等引入胶溶作用,提出液相一步合成金红石型超细 TiO_2 粉体的工艺。该工艺是将洗净的无定形 $Ti(OH)_4$ 沉淀重新分散于 $2\,mol/L$ 的 HNO_3 溶液中,在 80℃ 加热回流胶溶 2 h 后,沉淀经离心、干燥,得到粒径为数十纳米的金红石型 TiO_2 粉体。这种工艺省去耗能多的高温煅烧过程,同时避免了在此过程因烧结而引起的纳米粒子之间的硬团聚。

Hee-Dong Nam 等提出一种不需要煅烧工序的更为简便的直接升温水解工艺。该工艺不加入碱性物质沉淀剂,只将 $TiOCl_2$ 水溶液升温,使其发生水解,在液相中直接生成晶型沉淀,将沉淀产物干燥后,即得锐钛矿型或者金红石型纳米 TiO_2 粉体。通过改变原料液浓度、水解温度、反应时间等工艺条件,可以控制产物晶型、粒度大小等特性,水解温度在 65℃ 以下可得到金红石型沉淀,在 100℃ 左右可得到锐钛矿型沉淀。

采用液相沉淀法合成纳米 TiO_2 粉体,必须通过液固分离才能得到沉淀物,由于引入大量 SO_4^{2-} 或 Cl^- 等无机离子,需要反复洗涤以除去这些离子,因而工艺流程较长、废液多、产物损失较大,而且因为完全洗净无机离子较困难,因而制得的 TiO_2 粉体纯度不高,难以适用对纳米 TiO_2 纯度要求高的应用领域。

b. 溶胶-凝胶法：

溶胶-凝胶法合成纳米 TiO_2 粉体一般以钛醇盐 $Ti(OR)_4$（R＝—C_2H_5，—C_3H_7，—C_4H_9）为原料，其主要步骤是：钛醇盐溶于溶剂中形成均相溶液，以保证钛醇盐的水解反应在分子均匀的水平上进行，由于钛醇盐在水中的溶解度不大，一般选用醇（乙醇、丙醇、丁醇等）作为溶剂；钛醇盐与水发生水解反应，同时发生失水和失醇缩聚反应，生成物聚集成 1 nm 左右的粒子并形成溶胶；经陈化，溶胶形成三维网络而形成凝胶；干燥凝胶以除去残余水分、有机基团和有机溶剂，得到干凝胶；干凝胶研磨后煅烧，除去化学吸附的羟基和烷基团，以及物理吸附的有机溶剂和水，得到纳米 TiO_2 粉体。因为钛醇盐的水解活性很高，所以需加抑制剂来减缓其水解速度。常用的抑制剂有盐酸、氨水、硝酸等。溶胶-凝胶法制备 TiO_2 工艺流程如图 1-4 所示。

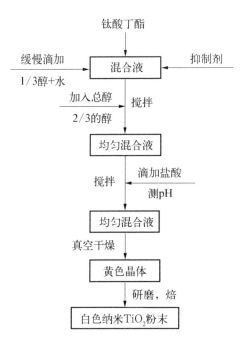

图 1-4 溶胶-凝胶法制备 TiO_2 工艺流程

溶胶-凝胶法的反应过程如下。

水解反应：

$$Ti(OR)_4 + nH_2O \longrightarrow Ti(OR)_{(4-n)}(OH)_n + nROH \qquad (1-10)$$

缩聚反应：

$$2TiOH \longrightarrow TiOTi + H_2O \qquad (1-11)$$

$$TiOR + HOTi \longrightarrow TiOTi + ROH \qquad (1-12)$$

溶胶化反应：

$$Ti(OR)_4 + mR'OH \longrightarrow Ti(OR)_{(4-m)}(OR')_m + mROH \qquad (1-13)$$

采用溶胶-凝胶工艺合成的纳米 TiO_2 粉体,具有反应温度低(通常在常温下进行),设备简单,工艺可控可调,过程重复性好等特点,与沉淀法相比,溶胶-凝胶法不需要过滤洗涤,避免产生大量废液,同时,因凝胶的生成,凝胶中颗粒间结构的固定化,还可以有效抑制颗粒的生长和团聚过程,得到粒度细且单分散性好的粉体。

c. 醇盐水解沉淀法:

醇盐水解沉淀法与上述的溶胶-凝胶法一样,也是利用钛醇盐的水解和缩聚反应,但设计的工艺过程不同,此法是通过醇盐水解、均相成核与生长等过程在液相中生成沉淀产物,再经过液固分离、干燥和煅烧等工序,制备 TiO_2 粉体。醇盐水解沉淀法合成 TiO_2 粉体的工艺流程如图 1-5 所示。

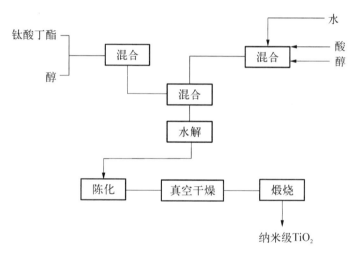

图 1-5　醇盐水解法合成 TiO_2 的工艺流程

醇盐水解沉淀法的反应对象主要是水,不会引入杂质,所以能制备高纯度的 TiO_2 粉体;水解反应一般在常温下进行,设备简单,能耗少。然而,因为需要大量的有机溶剂来控制水解速度,致使成本较高,如果能实现有机溶剂的回收和循环使用,则可有效地降低成本。

d. 微乳液法:

微乳液法是近年来刚开始被研究和应用的方法。微乳液是由表面活性剂、助表面活性剂(通常为醇类)、油(通常为碳氢化合物)和水(或电解质溶液)组成的透明的、各向同性的热力学稳定体系,可分成 O/W 型微乳液和 W/O

型微乳液。W/O型微乳液的微观结构由油连续相、水核及表面活性剂与助表面活性剂组成的界面三相组成,其中,水核可以看作一个"微型反应器",其大小可控制在几到几十纳米之间,彼此分离,是理想的反应介质。

当微乳液体系确定后,超细粉的制备是通过混合两种含有不同反应物的微乳液实现的。其反应机理是,当两种微乳液混合后,由于胶团颗粒的碰撞,发生了水核内物质的相互交换和传递,这种交换非常快。化学反应就在水核内进行,因而粒子的大小可以控制。一旦水核内粒子长到一定尺寸,表面活性剂分子将附在粒子的表面,使粒子稳定并防止其进一步长大。微乳液中反应完成后,通过超离心或加入水和丙酮混合物的方法,使超细颗粒与微乳液分离,再用有机溶剂清洗,以去除附在粒子表面的油和表面活性剂,最后在一定温度下干燥,煅烧后得到超细粉。

微乳液的结构从根本上限制了颗粒的生长,使超细粉末的制备变得容易实现。微乳液法不需加热、设备简单、操作容易且制得的颗粒大小可控。但是,由于使用了大量的表面活性剂,这些有机物很难从最终获得的粒子表面去除,对制得粉末的纯度有影响。

e. 水热法:

水热法是在特制的密闭反应容器(高压釜)里,采用水溶液作为反应介质,通过对反应容器加热,创造一个高温、高压反应环境,使得通常难溶或不溶的物质溶解并且重结晶,通常采用固体粉末或新配制的凝胶作为前驱体。水热法制备纳米 TiO_2 粉体,第一步是制备钛的氢氧化物凝胶,反应体系有四氯化钛+氨水和钛醇盐+水。第二步是将凝胶转入高压釜内,升温(通常的温度为120~250℃),造成高温、高压的环境,使难溶或不溶的物质溶解并且重结晶,生成纳米 TiO_2 粉体。

水热法能直接制得结晶良好的粉体,省去高温灼烧处理工艺,避免了在此过程中可能形成的粉体硬团聚,而且通过改变工艺条件,可以控制粉体粒径、晶型等特性。同时,因经过重结晶,所以制得的粉体纯度高。但由于该工艺需要在高温高压的环境中进行,因而对设备要求高,操作复杂,能耗较大。

② 气相法合成 TiO_2。

气相法合成 TiO_2 主要有气相水解法、气相氧化法、化学气相沉积法和蒸发凝聚法等。

a. 气相水解法：

气相水解法又称气溶胶法，将 $TiCl_4$ 从气体导入高温氢氧焰中（700～1 000℃）进行气相水解。该方法最早由德国德固萨公司（Degussa）开发成功，P25 纳米 TiO_2 粉体就是用该方法生产的，其中约含锐钛矿型 TiO_2 70%，金红石型 TiO_2 30%，平均粒径在 30 nm 左右，比表面积为 50 m^2/g。气相水解法不直接采用水蒸气水解，而是靠氢氧焰燃烧产生的水蒸气水解，反应温度达到1 800℃ 左右，超过 TiO_2 的熔点，生成的 TiO_2 颗粒呈气溶胶状态，因此又称气溶胶法。气相水解法的反应式如下。

氢燃烧反应：

$$2H_2(g) + O_2 \longrightarrow 2H_2O(g) \tag{1-14}$$

$TiCl_4$ 水解反应：

$$TiCl_4(g) + 2H_2O(g) \longrightarrow TiO_2(s) + 4HCl(g) \tag{1-15}$$

总反应：

$$TiCl_4(g) + 2H_2O(g) + O_2(g) \longrightarrow TiO_2(s) + 4HCl(g) \tag{1-16}$$

气相水解法可通过调节过程中温度、料比、流量、反应时间等参数控制 TiO_2 的粒径大小和晶型等特性，且制得的 TiO_2 粉体纯度高、粒径分布窄、表面光滑、无孔、分散性好和团聚程度小。

b. 气相氧化法：

气相氧化法是通过将 $TiCl_4$ 在高温下氧化来制备 TiO_2。在反应初期，$TiCl_4$ 和 O_2 发生均相化学反应，生成 TiO_2 的前驱体分子，通过成核形成 TiO_2 的分子簇或粒子。由于非均相成核比均相成核在热力学上更容易，随着反应的进行，$TiCl_4$ 在 TiO_2 粒子表面吸附并进行非均相反应，使粒子变大。在气相氧化法中，反应温度、停留时间以及冷却速度都将影响气相氧化法得到的 TiO_2 的粒子形态。

$TiCl_4$ 气相氧化法具有节能、环保、成本低和自动化程度高的优点，可以分别制备出锐钛矿型、混晶型和金红石型纳米 TiO_2 粉体，在气相法中最具有竞争力。但由于气相氧化法是一个复杂的过程，一方面在发生化学反应和成核、生长的同时,TiO_2 分子、分子簇和粒子之间会发生碰撞、凝并成团聚体,在高温下还会发生烧结和晶型转化等固相反应,而且各过程并非是简单的并联和串联过程;另一方面,由于反应器涉及复杂的流动、传递、混合等工程问题,也会影响纳米 TiO_2 的结构和性能。

c. 蒸发-凝聚法:

利用高频等离子技术对工业的 TiO_2 粗品进行加热,使其汽化蒸发,再急速冷却可得到纳米级的 TiO_2。

(2) TiO_2 薄膜的制备方法。

① 物理气相沉积法。

物理气相沉积(PVD)是薄膜制备的常用技术,与化学气相沉积法(沉积粒子来源于化合物的气相分解反应)相比,PVD 的沉积温度较低,不易引起基底的变形与开裂以及薄膜性能的下降。TiO_2 薄膜可以通过电子束蒸发、活化反应蒸发、离子束溅射、离子束团束(ICB)技术、直流/交流反应磁控溅射、高频反应溅射、分子束外延等物理气相沉积的方法制备。其中反应磁控溅射金属 Ti 靶的方法,能制备出具有较高折射率的高质量的 TiO_2 薄膜,其制备工艺稳定、制备条件易于控制,能够在建筑玻璃等大规模生产中得到应用。

Takeda 等用金属 Ti 靶通过直流磁控溅射技术在有 SiO_2 阻挡层的玻璃基板上制备光催化活性的 TiO_2 薄膜。薄膜可在大面积内保持厚度均匀,在可见光区透射率约为 80%。在紫外光照射下,TiO_2 薄膜对乙醛的分解能力与溶胶-凝胶方法制备的薄膜基本一致,但溅射的 TiO_2 薄膜具有更好的机械强度。

应用脉冲激光沉积(PLD)技术也是制备 TiO_2 薄膜的有效方法之一。秦启宗等在含 O_3 的 O_2 气氛中,用 355 nm 的脉冲激光烧蚀金属钛靶在 ITO(In_2O_3 - SnO_2)玻璃基片上反应沉积 CeO_2/TiO_2 薄膜,研究了 TiO_2 薄膜的电学性能和介电性能以及 TiO_2 薄膜电极的电化学嵌锂过程。以活化反应蒸发(active reactive vaporization)技术制备 TiO_2 光催化薄膜。在反应装置中,通入 $0.1\sim0.2$ Pa 的 O_2 气氛,将热阴极加热并加上高压直流电源使气体处于辉光放电状态,用钨蒸发器加热钛丝,蒸发的钛丝在载体上形成 TiO_2 薄膜。然后将 TiO_2 膜置于空气中在 400℃下退火,根据镀膜时间及退火时间的不同可得到性能不同的催化剂膜。

物理气相沉积方法制备的薄膜均匀,厚度易控制,是一种工业上广泛应用的制膜方法,但所需的设备价格较昂贵。

② 溶胶-凝胶法。

溶胶-凝胶法也是制备薄膜最常用且最有效的方法之一。溶胶-凝胶法技术具有纯度高、均匀性好、合成温度低(甚至可在室温下进行)、化学计量比及反应条件易于控制等优点,特别是制备工艺过程相对简单,无须特殊贵重的仪器。

溶胶-凝胶法制备薄膜时,先将金属有机醇盐或无机盐进行水解、聚合,形成金属盐溶液或溶胶,然后用提拉法、旋涂法或喷涂法等将溶胶/溶液均匀涂覆于基板上形成多孔、疏松的干凝胶膜,最后再进行干燥、固化及热处理即可形成致密的薄膜。用溶胶-凝胶技术制备 TiO_2 薄膜常用的含钛的前驱体主要是钛醇盐,如钛酸四丁酯 $Ti(O-Bu)_4$、$TiCl_4$、$TiCl_3$ 和 $Ti(SO_4)_2$ 等,催化剂常用无机酸,如硝酸、盐酸。先将钛酸四丁酯与有机溶剂如异丙醇或乙醇等混合均匀,在不断搅拌下将混合溶液滴加到含适量酸的水中,形成透明的 TiO_2 的胶体,其反应过程如表达式(1-17)~式(1-18)所示:

水解:　　　$n\mathrm{M(OR)}_4 + 4n\mathrm{H_2O} \longrightarrow n\mathrm{M(OH)}_4 + 4n\mathrm{ROH}$　　　(1-17)

缩合:　　　　　$n\mathrm{M(OH)}_4 \longrightarrow n\mathrm{MO_2} + 2n\mathrm{H_2O}$　　　　　(1-18)

总反应:　　$n\mathrm{M(OR)}_4 + 2n\mathrm{H_2O} \longrightarrow n\mathrm{MO_2} + 4n\mathrm{ROH}$　　　(1-19)

应用溶胶-凝胶方法制备的 TiO_2 薄膜经一定温度焙烧后,溶胶-凝胶中的有机物基本挥发和分解,薄膜中的 TiO_2 粒子呈纳米晶网络海绵状,具有很大的表面积和粗糙度,易吸附其他如染料等活性物质,使对 TiO_2 薄膜进行敏化时有较高的效率,这是其他制膜方法所不能比拟的。用溶胶-凝胶法还可在室温下制备具有良好光催化性能和超亲水性能的 TiO_2 薄膜,并且薄膜具有较好的附着力,这是用其他方法难以实现的。

除以上方法外,还可采用液相沉积法、喷雾热分解法等方法制备 TiO_2 薄膜。

5)TiO_2 光催化剂降解污水处理

TiO_2 在废水处理中的应用主要可以分为处理废水中的有机污染物和无机污染物两个方面。

(1)TiO_2 光催化降解废水中的有机污染物。

TiO_2 能有效地将废水中的有机物降解为 H_2O、CO_2、PO_4^{3-}、SO_4^{2-}、NO_3^-、

卤素离子等无机小分子，达到完全无机化的目的。染料废水、农药废水、表面活性剂、氯代物、氟利昂、含油废水等都可以被 TiO_2 催化降解。Blake 在一篇综述中详细罗列了 300 多种可被光催化的有机物。美国环保局公布的 114 种有机物均被证实可通过光催化氧化降解矿化。可采用 n - TiO_2 光催化处理的有机废水及有机物的种类如下：

染料废水：甲基橙、甲基蓝、罗丹明 - 6G、罗丹明 B、水杨酸、羟基偶氮苯、水杨酸、分散大红、含磺酸基的极性偶氮染料等。

农药废水：除草剂、有机磷农药、三氯苯氧乙酸、2，4，5 - 三氯苯酚、DDVP、DTHP、DDT 等。

表面活性基：十二磺基苯磺酸钠、氯化苄基十二磺基二甲基胺、壬基聚氧乙烯苯、乙氧基烷基苯酚等。

氯代物：三氯乙烯、三氯代苯、三氯甲烷、四氯化碳、4 - 氯苯酚、2 - 氯代二苯并二噁英、2，7 - 二氯代二苯并二噁英、多氯代二苯并二噁英、四氯联苯、氟利昂、五氟苯酚、氟代烯烃、氟代芳烃等。

油类：水面漂浮油类及有机污染物。

（2）TiO_2 用于处理无机废水。

许多无机物在 TiO_2 表面也具有光化学活性，Miyaka 等早在 1977 年就用 TiO_2 悬浮粉末光解 $Cr_2O_7^{2-}$ 还原为 Cr^{3+} 的研究。利用二氧化钛催化剂的强氧化还原能力，还可以将污水中汞、铬、铅以及氧化物等降解为无毒物质。Frank 等研究了以 TiO_2 等为催化剂将 CN^- 氧化为 OCN^-，再进一步反应生成 CO_2、N_2 和 NO_3^- 的过程。Serpone 等报道了用 TiO_2 光催化法从 $Au(CN)_4^-$ 中还原 Au，同时氧化 CN^- 为 NH_3 和 CO_2 的过程，指出该法用于电镀工业废水的处理，不仅能还原镀液中的贵金属，而且还能消除镀液中氰化物对环境的污染，是一种有实用价值的处理方法。

由于早期的悬浮型 TiO_2 体系中 TiO_2 粉末是以悬浮态存在于水溶液中，所以存在催化剂难以回收，活性成分损失较大、在水溶液中易于凝聚等问题而很难成为一项实用的水处理技术。近年来为了开发高效实用的光化学反应器，固定相光催化的研究逐步活跃起来。固定相光催化研究的焦点是负载型光催化剂的制备。

光催化剂载体的主要作用有以下几点：

① 用载体将 TiO_2 固定,可防止 TiO_2 粉末粒子的流失并且易于回收利用,克服了悬浮相 TiO_2 的缺点;

② 将 TiO_2 负载于载体表面,能够避免悬浮相中 TiO_2 颗粒的团聚,增加 TiO_2 的比表面积,提高 TiO_2 的利用率;

③ 有些载体可成为电子的俘获中心,有利于电子-空穴对的分离,有些载体具有吸附性能,可增加对反应物的吸附,从而提高 TiO_2 的光催化活性;

④ 将 TiO_2 制成薄膜后,不存在催化剂粒子间的遮蔽问题,受到光照射的催化剂粒子数目增加,提高光源的利用率;

⑤ 用载体将催化剂固定,便于对催化剂进行表面修饰并制成各种形状的反应器。

因为 TiO_2 在紫外光照下能催化氧化有机物,故所选用载体多为无机或惰性有机材料,以硅酸类为主,其次还有金属、活性炭、沸石、高分子聚合物等。载体材料之间的不同的物理、化学性质,决定了负载 TiO_2 的特点。

① 玻璃类载体具有较好的透光性,相应地对光的利用率高,但玻璃表面比较光滑,使得附着性能相对较差,此外由于 Na^+,Si^{4+} 在负载过程中热处理时可从载体表面迁移到 TiO_2 层,破坏 TiO_2 的晶格结构,成为电子-空穴复合中心,从而降低 TiO_2 光催化活性。

② 金属类载体可塑性好,但价格比较昂贵,而且 Fe,Cr 等金属离子在热处理时会进入 TiO_2 层,破坏 TiO_2 晶格降低催化活性,限制了金属类载体的使用。

③ 吸附剂类载体主要有硅胶、活性炭、沸石等,本身具有较大的比表面积,且具有吸附性能,使得污染物在溶液中与催化剂能够较充分的接触,可将有机物吸附到 TiO_2 粒子周围,增加局部浓度,避免反应的中间产物挥发或游离,加快光催化反应速度。利用这类载体存在的主要问题是 TiO_2 催化剂与载体之间的结合牢固程度需要进一步提高。

催化剂载体的选择需综合考虑多方面因素,如光利用效率、光催化活性、催化剂负载的牢固性、使用寿命、成本价格等。

TiO_2 光催化技术应用于废水处理显示出了诱人的发展前景,它以操作简单、条件温和以及低能耗、不产生二次污染等突出特点,在水污染治理中有着其他方法不可替代的优势。尤其是对于一些其他方法难以降解有机物,如化学性质很稳定的苯,其降解效果是其他方法难以比拟的。但是,纳米 TiO_2 的光催化技术无论在理论基础研究还是在应用研究都还不成熟,离大规模生产还有一段距离,还有许多亟待解决的问题。

① 光催化反应量子产率低(4%),最高不超过10%,难以处理量大且浓度高的工业废气和废水。太阳能利用率低,TiO_2 光催化剂只能吸收利用太阳光中的紫外线部分,并不能充分利用太阳光的可见光部分。研发可见光诱导的新型高效光催化剂实现有机物在可见光下的分解,突破现有二氧化钛光催化剂量子效率和可见光利用率低的限制。迄今的光催化研究基本上利用的都是紫外光源,在实用中受到了一定的限制。开发新型或改性现有的催化剂,使它的光响应波长能移至可见光区从而直接利用太阳光作辐射源,将会使这项技术向实用化迈进一大步。

② 提高催化剂的利用效率,包括充分利用催化剂表面积和采用辅助方法提高已有催化剂的活性。有人采用电化学辅助光催化的方法,将 TiO_2 膜固定在光电化学电池的阳极板上,光催化进行的同时在电极上加压,使光生电子刚产生就马上转移到电池阳极上,减少与空穴的复合机会,以此提高光催化效率。也有人采用微波辅助使光催化剂性能明显改善。

③ 光催化剂的负载技术,难以在保持了高的催化活性又满足特定材料的理化性能要求的前提下,在不同材料表面均匀、牢固地负载催化剂,使得催化剂不易分离再生。光反应器内负载在吸附载体上的催化剂流化操作,可以使催化剂的表面积充分受光,提高表面积利用率。

由于可以使用外加电场的方法实现光生电子与空穴的分离,从而提高 TiO_2 光催化活性,所以依据导电性能可将常用的载体分为导电性载体和绝缘性载体。玻璃、陶瓷、空心微珠、纤维网、多孔 Al_2O_3 等属于绝缘性载体,不能使用外加电场的形式进一步提高其光催化活性。导电玻璃、钢铁、铝、钛等金属是导电性载体,以它们作为载体制备的负载型 TiO_2 可以作为光电催化电极,使用外加电场的形式进一步提高其光催化活性。在这些导电负载体中,由于金属钛与 TiO_2 有很好的相容性,负载的 TiO_2 与基体结合力强,不易失活。所以以钛板为基体的负载型 TiO_2 电极倍受关注。目前研究最多的就是使用阳极氧化的方法在钛板表面制备一层 TiO_2 纳米管阵列。另外还有几种不同形貌的 TiO_2 膜。为了提高 TiO_2 膜的光催化活性,一般的方法是制备多孔膜增大其比表面积的方法。TiO₂ 膜形貌的改变不但可以改变其比表面积,而且改变其对光的吸收率和与水的接触面积,这些都与其光催化活性密切相关。既然 TiO₂ 薄膜的表面形貌影响着其表面积、与水的接触面积和吸光度,进而影响着其光催化活性。那么改变、控制其表面形貌就对提高其光催化活性有着极大的意义。

（3）TiO₂ 膜结构。

TiO₂ 膜的表面微结构不但影响着 TiO₂ 膜的比表面积,更为重要的是影响其有效比表面积以及表面附近水溶液与主体溶液的传质过程。另外表面微结构对 TiO₂ 膜的吸光率有着极为重要的影响,以下为几种典型的 TiO₂ 膜结构。

① 平面膜结构。

最初负载型 TiO₂ 膜是使用溶胶凝胶方法在平面载体如玻璃,其模型结构如图 1-6 所示。

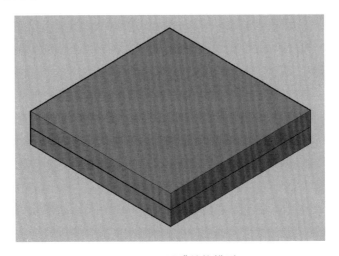

图 1-6　平面膜结构模型

平面膜比表面积为

$$S = \frac{S_{表}}{m_{\mathrm{TiO_2}}} = \frac{S_{表}}{V_{\mathrm{TiO_2}} \rho_{\mathrm{TiO_2}}} = \frac{ab}{abd\rho_{\mathrm{TiO_2}}} = \frac{1}{d\rho_{\mathrm{TiO_2}}} \qquad (1-20)$$

式中：S 为比表面积；$S_{表}$ 为平面膜的上表面积；$m_{\mathrm{TiO_2}}$ 为 TiO₂ 膜的质量；$V_{\mathrm{TiO_2}}$ 为 TiO₂ 膜的体积；$\rho_{\mathrm{TiO_2}}$ 为 TiO₂ 的密度；a 为 TiO₂ 膜所覆盖面积的长；b 为 TiO₂ 膜所覆盖面积的宽；d 为 TiO₂ 膜的厚度。

从式(1-20)可以看出,平面膜的比表面积与膜厚度成反比。锐钛矿相 TiO_2 的密度为 3.9 g/cm^3。一般使用溶胶-凝胶法在玻璃表面提拉出的 TiO_2 膜层厚度为 0.2 μm。其比表面积约为 1.28 m^2/g。

平面 TiO_2 膜比表面积与厚度关系如图 1-7 所示,可以看出,膜厚度越薄,其比表面积越大。但是这种以减小膜层厚度、降低 TiO_2 质量而增大比表面积的方法并没有使得实际的表面积增加。无论厚度如何改变,其表面积没有改变。由此可见通常意义上的比表面积不能适用于这种薄膜模型。为此本书中对薄膜的比表面积定义为单位沉积面积上的膜的表面积。

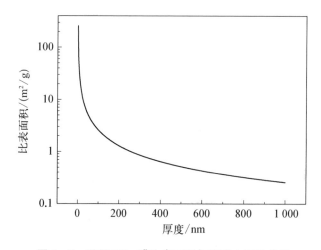

图 1-7 平面 TiO_2 膜比表面积与厚度之间的关系

$$S_{膜} = \frac{S_{表}}{S_{沉积}} \tag{1-21}$$

式中:$S_{膜}$ 为膜的比表面积;$S_{表}$ 为膜的表面积;$S_{沉积}$ 为沉积薄膜所占面积。

式(1-21)所定义的膜的比表面积是指膜的表面积与沉积膜所占的平面的面积之比,它是一个比值,是没有量纲的量,没有单位。以后如没有特别说明,膜的比表面积就指式(1-21)所定义的膜的比表面积。这样,平面膜比表面积就可用式(1-22)计算:

$$S_{膜} = \frac{S_{表}}{S_{沉积}} = \frac{ab}{ab} = 1 \tag{1-22}$$

式中：$S_{膜}$ 为平面膜的比表面积；$S_{表}$ 为平面膜的上表面积；$S_{沉积}$ 为沉积薄膜所占面积；a 为 TiO_2 膜所覆盖面积的长；b 为 TiO_2 膜所覆盖面积的宽。

平面膜比表面积就为 1。

② 多孔膜结构。

由于大的比表面积有利于提高 TiO_2 膜光电催化活性，所以也有使用在溶胶中添加有机造孔剂、使用微弧氧化等方法制备多孔 TiO_2 膜。其模型结构如图 1-8 所示。

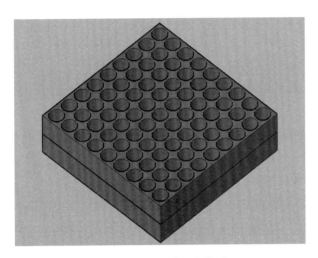

图 1-8　多孔膜结构模型

图 1-8 中，为便于计算，假设多孔膜的孔为均一的，孔半径为 R，孔深为 d，孔密度为 ε，则多孔膜的比表面积为

$$S_{膜} = \frac{S_{表}}{S_{沉积}} = \frac{ab + \varepsilon ab \cdot 2\pi Rd}{ab} = 1 + 2\varepsilon\pi Rd \qquad (1-23)$$

式中：$S_{膜}$ 为多孔膜的比表面积；$S_{表}$ 为多孔膜的表面积；$S_{沉积}$ 为沉积薄膜所占面积；a 为 TiO_2 膜所覆盖面积的长；b 为 TiO_2 膜所覆盖面积的宽；ε 为多孔膜的孔密度；R 为多孔膜的孔半径；d 为多孔膜的孔深。

从式(1-23)可以看出，多孔膜的比表面积主要与多孔膜的孔密度、孔半径以及膜厚度有关。孔密度越大，孔半径越大，孔越深其比表面积也就越大。

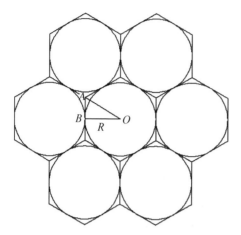

图 1-9　孔呈密排六方排列

在半径一定情况下,孔密度最大值为密排六方时的孔密度,如图 1-9 所示。

图中,孔半径为 R;$OA = 2AB$;此时孔密度为

$$\varepsilon = \frac{1}{S} = \frac{1}{\frac{1}{2} \times \frac{2\sqrt{3}R}{3} \times R \times 6}$$

$$= \frac{\sqrt{3}}{6R^2} \qquad (1-24)$$

式中:ε 为多孔膜的孔密度;S 为每个孔所占据的面积;R 为多孔膜的孔半径。

孔径与孔密度之间的关系图如图 1-10 所示。

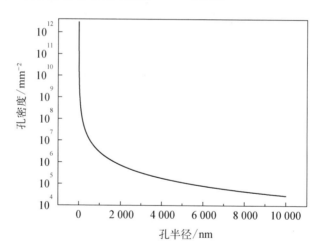

图 1-10　密排时孔密度与孔半径之间的关系

结合式(1-23)和式(1-24)可得

$$S_{\text{膜}} = 1 + 2\varepsilon\pi R d = 1 + \frac{\sqrt{3}\pi d}{3R} \qquad (1-25)$$

孔径和孔深与比表面积之间的关系如图 1-11 所示。

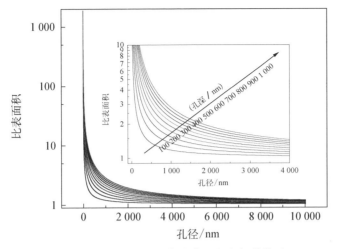

图 1-11　孔径和孔深与比表面积之间的关系

从图 1-11 可以看出当孔径比较大的时候,孔深对比表面积的影响比较大。而当孔径比较小的时候,孔径对比表面积的影响比较大。

③ 纳米管膜结构。

2001 年 Grimes 等使用阳极氧化的方法,首次在钛表面制备出具有纳米管阵列的 TiO_2 膜。其模型结构如图 1-12 所示。

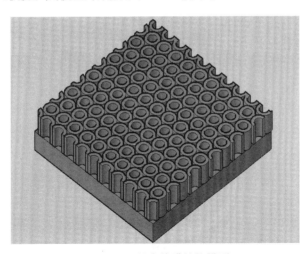

图 1-12　纳米管膜结构模型

如图 1-12 所示,为便于计算假设纳米管是均一的,管外径为 R,内径为 r,深度为 d,纳米管膜的比表面积为

$$S_{膜} = \frac{S_{表}}{S_{沉积}} = \frac{ab + \varepsilon ab \cdot 2\pi(r+R)d}{ab} = 1 + 2\varepsilon\pi(r+R)d \quad (1-26)$$

式中：$S_{膜}$ 为纳米管膜的比表面积；$S_{表}$ 为纳米管膜的表面积；$S_{沉积}$ 为沉积薄膜所占面积；a 为 TiO_2 膜所覆盖面积的长；b 为 TiO_2 膜所覆盖面积的宽；ε 为纳米管的密度；R 为纳米管的外半径；r 为纳米管的内半径；d 为纳米管的深度。

从式(1-26)可以看出，纳米管膜的比表面积主要与纳米管的密度、外半径、内半径以及深度有关。比表面积随着纳米管的密度、外径、内径、和深度的增大而增大。

与多孔膜结构类似，当纳米管以密排六方形式排列时其密度最大。将式(1-24)代入式(1-26)得

$$S_{膜} = 1 + \frac{\sqrt{3}}{3R^2}\pi(r+R)d \quad (1-27)$$

设 k 为纳米管内外径之比：

$$k = r/R \quad (1-28)$$

则有

$$S_{膜} = 1 + \frac{\sqrt{3}}{3R^2}\pi(r+R)d = 1 + \frac{\sqrt{3}}{3R}\pi(k+1)d \quad (1-29)$$

图1-13表示当纳米管深度为1 000 nm时，纳米管内外径与比表面积之间的关系。

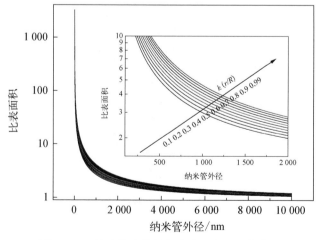

图1-13 纳米管内外径与比表面积之间的关系

从图 1-13 可以看出纳米管膜的比表面积随着纳米管外径的减小、内外径比值的增大而增大。

图 1-14 表示纳米管内外径比值为 0.9 时纳米管深度与比表面积之间的关系。

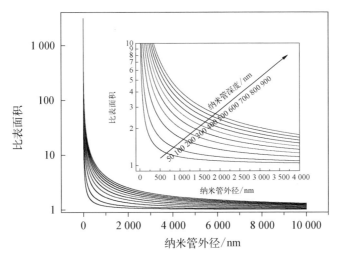

图 1-14 纳米管深度与比表面积之间的关系

纳米管深度对其比表面积影响比较大,纳米管比表面积随深度的增加而增大。

④ 尖劈结构膜结构。

考虑到 TiO$_2$ 膜对光吸收问题,为了最大限度提高 TiO$_2$ 膜对光的吸收,减小反射带来的损失,本书中设计了有几种不同结构单元组成的光陷阱结构 TiO$_2$ 膜。它们的结构如图 1-15 所示。

各种尖劈结构膜的比表面积计算公式可以分别用以下几个公式计算:

a. 尖劈模型(a)是由圆锥单元按四方阵列组合而成。设圆锥半径为 R,高度为 d,则其比表面积为

$$S_{膜} = \frac{S_{表}}{S_{沉积}} = \frac{ab + \varepsilon ab(\pi R \sqrt{R^2 + d^2} - \pi R^2)}{ab} = 1 + \varepsilon \pi R(\sqrt{R^2 + d^2} - R)$$

$$(1-30)$$

式中:$S_{膜}$ 为膜的比表面积;$S_{表}$ 为四方阵列圆锥尖劈膜的表面积;$S_{沉积}$ 为沉积

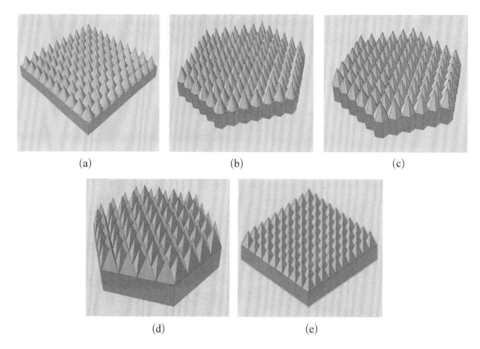

(a)　　　　　　　　　　(b)　　　　　　　　　　(c)

(d)　　　　　　　　　　(e)

图 1－15　不同单元结构的尖劈膜结构模型

(a) 四方圆锥阵列尖劈结构模型　(b) 密排圆锥阵列尖劈结构模型
(c) 密排六棱锥尖劈结构模型　(d) 密排四棱锥尖劈结构模型　(e) 密排三棱锥尖劈结构模型

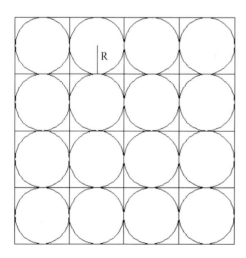

图 1－16　圆锥呈四方排列

薄膜所占面积；a 为 TiO_2 膜所覆盖面积的长；b 为 TiO_2 膜所覆盖面积的宽；ε 为圆锥的密度；R 为圆锥的半径；d 为圆锥的高度。

当圆锥按四方排列时如图 1－16 所示，其密度为

$$\varepsilon = \frac{1}{S} = \frac{1}{4R^2} \qquad (1-31)$$

式中：ε 为圆锥密度；S 为每个圆锥所占据的面积；R 为圆锥半径。

圆锥半径与圆锥密度之间的关系图如图 1－17 所示。

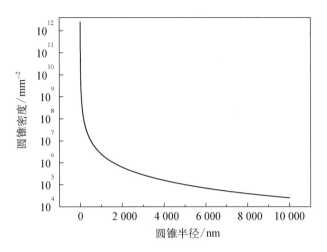

图 1-17　四方排列时圆锥密度与半径之间的关系

将式(1-31)代入式(1-30)得

$$S_{膜} = 1 + \varepsilon \pi R(\sqrt{R^2 + d^2} - R) = 1 + \frac{\pi}{4R}(\sqrt{R^2 + d^2} - R) \quad (1-32)$$

式中：$S_{膜}$ 为膜的比表面积；ε 为圆锥的密度；R 为圆锥的半径；d 为圆锥的高度。

图 1-18 表示四方排列时圆锥半径和高度与比表面积之间的关系。

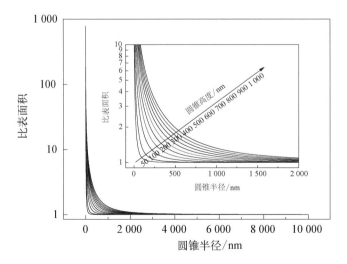

图 1-18　四方排列时圆锥半径和高度与比表面积之间的关系

从图 1-18 可以看出，只有当圆锥半径很小、高度很高时对提高表面积作用比较明显。

b. 尖劈模型(b)是由圆锥单元按密排六方阵列组合而成。其比表面积可由式(1-30)计算，圆锥密度可由式(1-24)得出。将式(1-24)代入式(1-30)得

$$S_{膜} = 1 + \varepsilon\pi R(\sqrt{R^2 + d^2} - R) = 1 + \frac{\sqrt{3}\pi}{6R}(\sqrt{R^2 + d^2} - R) \quad (1-33)$$

式中：$S_{膜}$ 为膜的比表面积；ε 为圆锥的密度；R 为圆锥的半径；d 为圆锥的高度。

图 1-19 表示六方密排时圆锥半径和高度与比表面积之间的关系。

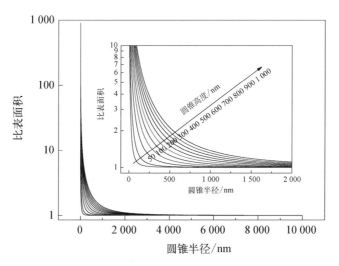

图 1-19 六方密排时圆锥半径和高度与比表面积之间的关系

从图 1-19 可以看出，只有当圆锥半径很小、高度很高时对提高表面积作用比较明显。

c. 尖劈模型(c)是由正六棱锥单元按密排六方排列而成。设其底面边长为 c，高为 d，则其比表面积为

$$S_{膜} = \frac{S_{表}}{S_{沉积}} = \frac{\varepsilon ab \cdot 3c\sqrt{d^2 + \frac{3}{4}c^2}}{ab} = 3\varepsilon c\sqrt{\frac{3}{4}c^2 + d^2} \quad (1-34)$$

式中：$S_{膜}$ 为膜的比表面积；$S_{表}$ 为尖劈膜的上表面积；$S_{沉积}$ 为沉积薄膜所占面

积；a 为 TiO_2 膜所覆盖面积的长；b 为 TiO_2 膜所覆盖面积的宽；ε 为六棱锥的密度；c 为六棱锥的底面边长；d 为六棱锥的高度。

六棱锥密度为

$$\varepsilon = \frac{1}{S} = \frac{2\sqrt{3}}{9c^2} \tag{1-35}$$

式中：ε 为六棱锥密度；S 为每个六棱锥所占据的面积；c 为正六棱锥底面边长。

将式(1-35)代入式(1-34)得

$$S_\text{膜} = 3\varepsilon c\sqrt{\frac{3}{4}c^2 + d^2} = \frac{2}{3c}\sqrt{\frac{9}{4}c^2 + 3d^2} \tag{1-36}$$

式中：$S_\text{膜}$ 为膜的比表面积；ε 为六棱锥的密度；c 为六棱锥的底面边长；d 为六棱锥的高度。

图 1-20 表示六方密排时正六棱锥高度和底面边长与比表面积之间的关系。

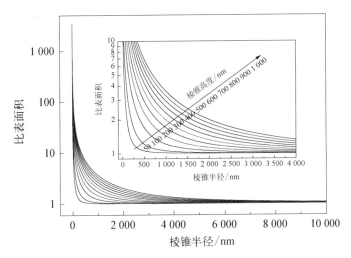

图 1-20　六方密排时正六棱锥半径和高度与比表面积之间的关系

d. 尖劈模型(d)是由正四棱锥以四方密排组成。设其底面边长为 c，高为 d，则其比表面积为

$$S_\text{膜} = \frac{S_\text{表}}{S_\text{沉积}} = \frac{\varepsilon ab \cdot 2c\sqrt{d^2 + \frac{1}{4}c^2}}{ab} = 2\varepsilon c\sqrt{\frac{1}{4}c^2 + d^2} \tag{1-37}$$

式中：$S_{膜}$ 为膜的比表面积；$S_{表}$ 为尖劈膜的表面积；$S_{沉积}$ 为沉积薄膜所占面积；a 为 TiO_2 膜所覆盖面积的长；b 为 TiO_2 膜所覆盖面积的宽；ε 为四棱锥的密度；c 为四棱锥的底面边长；d 为四棱锥的高度。

四棱锥密度为

$$\varepsilon = \frac{1}{S} = \frac{1}{c^2} \tag{1-38}$$

式中：ε 为四棱锥密度；S 为每个四棱锥所占据的面积；c 为正四棱锥底面边长。

将式(1-38)代入式(1-37)得

$$S_{膜} = 2\varepsilon c\sqrt{\frac{1}{4}c^2 + d^2} = \frac{2}{c}\sqrt{\frac{1}{4}c^2 + d^2} \tag{1-39}$$

式中：$S_{膜}$ 为膜的比表面积；ε 为四棱锥的密度；c 为四棱锥的底面边长；d 为四棱锥的高度。

图1-21表示四方密排时正四棱锥高度和底面边长与比表面积之间的关系。

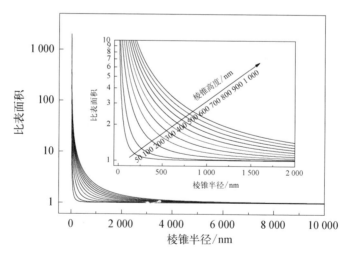

图1-21 四方密排时正四棱锥半径和高度与比表面积之间的关系

e. 尖劈模型(e)是由正三棱锥以六方密排组成。设其底面边长为 c，高为 d，则其比表面积为

$$S_{膜} = \frac{S_{表}}{S_{沉积}} = \frac{\varepsilon ab \cdot \frac{3}{2}c\sqrt{d^2 + \frac{1}{12}c^2}}{ab} = \frac{3\varepsilon c}{2}\sqrt{\frac{1}{12}c^2 + d^2} \quad (1-40)$$

式中：$S_{膜}$ 为膜的比表面积；$S_{表}$ 为尖劈膜的上表面积；$S_{沉积}$ 为沉积薄膜所占面积；a 为 TiO_2 膜所覆盖面积的长；b 为 TiO_2 膜所覆盖面积的宽；ε 为三棱锥的密度；c 为三棱锥的底面边长；d 为三棱锥的高度。

三棱锥密度为

$$\varepsilon = \frac{1}{S} = \frac{4\sqrt{3}}{3c^2} \quad (1-41)$$

式中：ε 为三棱锥密度；S 为每个三棱锥所占据的面积；c 为正三棱锥底面边长。

将式(1-41)代入式(1-40)得

$$S_{膜} = \frac{3\varepsilon c}{2}\sqrt{\frac{1}{12}c^2 + d^2} = \frac{2\sqrt{3}}{c}\sqrt{\frac{1}{12}c^2 + d^2} \quad (1-42)$$

式中：$S_{膜}$ 为膜的比表面积；ε 为三棱锥的密度；c 为三棱锥的底面边长；d 为三棱锥的高度。

图 1-22 表示六方密排时正三棱锥高度和底面边长与比表面积之间的关系。

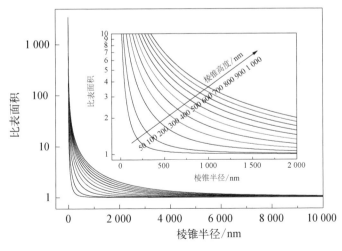

图 1-22　六方密排时正三棱锥半径和高度与比表面积之间的关系

根据前面对各种模型比表面积的计算可以看出除了平面模型外,其余模型的比表面积都随着其几何参数的变化而变化,而且都可以达到平面膜面积的几十到几百倍。为了便于分析,使得各种模型的参数 $d = R = c$,进行比较(见表 1-3)。

表 1-3 各种模型比表面积的比较

模 型	比 表 面 积	比表面积 ($d = R = c$)	比表面积(数值)
平面模型	1	1	1
多孔模型	$1 + \dfrac{\sqrt{3}\pi d}{3R}$	$1 + \dfrac{\sqrt{3}\pi}{3}$	2.81
纳米管模型	$1 + \dfrac{\sqrt{3}}{3R}\pi(k+1)d$	$1 + \dfrac{\sqrt{3}}{3}\pi(k+1)$	$(2.81{\sim}4.63)$(k 的取值范围为 $(0,1)$)
尖劈模型(a)	$1 + \dfrac{\pi}{4R}\left(\sqrt{R^2 + d^2} - R\right)$	$1 + \dfrac{\pi}{4}(\sqrt{2} - 1)$	1.33
尖劈模型(b)	$1 + \dfrac{\sqrt{3}\pi}{6R}\left(\sqrt{R^2 + d^2} - R\right)$	$1 + \dfrac{\sqrt{3}\pi}{6}(\sqrt{2} - 1)$	1.38
尖劈模型(c)	$\dfrac{2}{3c}\sqrt{\dfrac{9}{4}c^2 + 3d^2}$	$\dfrac{\sqrt{21}}{3}$	1.53
尖劈模型(d)	$\dfrac{2}{c}\sqrt{\dfrac{1}{4}c^2 + d^2}$	$\sqrt{5}$	2.24
尖劈模型(e)	$\dfrac{2\sqrt{3}}{c}\sqrt{\dfrac{1}{12}c^2 + d^2}$	$\sqrt{13}$	3.61

当按给定条件下 $d = R = c$,且纳米管的 k 大于 0.44 时各种模型比表面积从大到小依次为:纳米管模型,尖劈模型(e),多孔模型,尖劈模型(d),尖劈模型(c),尖劈模型(b),尖劈模型(a),平面模型。当纳米管的 k 值小于 0.44 时尖劈模型(e)表面积大于纳米管模型。

从前面对各种模型比表面积的计算结果可以看出,当多孔膜和纳米管模型的半径比较小,孔深比较大时其表面积可达原来沉积平面的几十到一百倍。当各种尖劈膜结构的底面半径比较小,高度比较大的时候其表面积也可以达到原来沉积平面的几十到一百倍。这几种膜结构在一定条件下都可以形成很大比表面积,但是在用于处理废水的光催化 TiO_2 膜有效的表面积是能与水接触的表面积,而且如多孔结构和纳米管结构的那些盲孔其随着孔的深度的增加,其表面积的有效性减弱。无论是空穴氧化理论还是羟基自由基氧化理论都要求催化剂与水接触,以达到空穴向污染物或者水转移进而氧化分解污染物。所以大的与水接触面积更有利于催化反应的进行。

　　膜与水的接触面积大小主要取决于膜与水的润湿性,而膜的润湿性由其化学组成和微观几何结构共同决定。本书中研究的是 TiO_2 膜,其化学组成已定。润湿性就主要由微观几何结构决定。通常以接触角 θ_e 表征液体对固体的浸润程度。在理想的固体表面上(结构、组成均一),接触角具有特定的值并由表面张力决定,满足 Young's 方程,如图 1-23 所示。

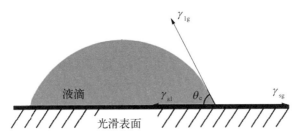

图 1-23　理想固体表面液体接触角与表面张力的关系

$$\cos\theta_e = (\gamma_{sg} - \gamma_{sl})/\gamma_{lg} \qquad (1-43)$$

式中:γ_{sg}、γ_{sl}、γ_{lg} 分别为固气、固液、气液间的界面张力。

　　真实固体表面在一定程度上或者粗糙不平,或者化学组成不均一。所以实际测定的表观接触角与 Young's 方程预计值有较大的差异。Wenzel 和 Cassie 等在 20 世纪 40 年代分别揭示了真实表面的非均一性对表面浸润性的影响,对 Young's 方程进行了修正。当表面存在微细粗糙结构时,表面的表观接触角与本征接触角存在一定的差值,如表面的微细结构化可以将本征接触角为 100°~120° 的疏水表面呈现 160°~175° 甚至更高的表观接触角。Wenzel 发现表面的粗糙结构可增强表面的浸润性,认为这是由于粗糙表面上的固液实际接触面积大于表观接触面积的缘故。于是在几何上增强了疏水性(或亲水性),他假设液体始终能填满粗糙表面上的凹槽,如图 1-24 所示,称之为湿接触,其表面自由能为

图 1‐24 Wenzel 模型

$$dG = r(\sigma_{SL} - \sigma_{SG})\,dx + \sigma_{LG}\,dx\cos\theta^*$$

$$(1-44)$$

dG 为三相线有 dx 移动时所需要的能量。平衡时可得表观接触角 θ^* 和本征接触角 θ_e 之间的关系：

$$\cos\theta^* = r\cos\theta_e \quad (1-45)$$

式中：r 为实际的固/液界面接触面积与表观固/液界面接触面积之比其值大于等于 1。

Wenzel 方程揭示了粗糙表面的实际接触角 θ^* 与 Young's 方程中的本征接触角 θ_e 之间有如下的关系：若 $\theta_e < 90°$，则 $\theta^* < \theta$，即表面的亲水性随表面粗糙程度的增加而增强；若 $\theta_e > 90°$，则 $\theta^* > \theta$，即表面的疏水性随表面粗糙程度的增加而增强。但因为 θ^* 也只能处于 0 到 180°之间，故 $\theta_e > \arccos(-1/r)$ 或 $\theta_e < \arccos(1/r)$ 时 θ^* 分别为 180°和 0°。Satoshi 等通过实验所得到的数据，可以看出中间大部分较好地符合 Wenzel 的线性关系，也即印证了表面粗糙度也是调控表观接触角的主要因素，从此对表面结构化改变表面润湿性能有了较好的解释。但是在亲水区和超疏水区部分直线的截距并非为 1 或−1，而在到达 1 或−1 附近有一个转折，其余数据点也近似为一直线，但其斜率显然变小很多。

Cassie 等研究了组成的不均一性对表面浸润性的影响，提出了复合接触的概念。即他们认为液滴在粗糙表面上的接触是一种复合接触。微细结构化了的表面因为结构尺度小于表面液滴的尺度，当表面结构疏水性较强时，Cassie 认为在疏水表面上的液滴并不能填满粗糙表面上的凹槽，在液珠下将有截留的空气存在，于是表观上的液固接触面其实由固体和气体共同组成，如图 1‐25 所示。认为这种组成非均一表面的浸润性是各个组分浸润性的加和，表观接触角(θ^*)与各组分本征接触角(θ_i)的关系如下：

图 1‐25 Cassie 模型

$$\cos\theta^* = f_1\cos\theta_1 + f_2\cos\theta_2 \tag{1-46}$$

式中：f_i是构成表面各组分的面积分数，$f_1 + f_2 = 1$。

当表现为超疏水时，其中一种介质为空气时，其液气接触角为 $180°$，得

$$\cos\theta^* = f_s(1+\cos\theta_e) - 1 \tag{1-47}$$

式中：f_s为复合接触面中固体的面积分数，该值小于 1，在疏水区该值越小表观接触角越大，该方程也可以通过表观接触角 θ^* 和本征接触角 θ_e 之间的关系表示。此线能较好地解释前面提及的接近超疏水区不符合 Wenzel 关系的那段直线，因此也可以看出，高疏水区域由于结构表面的疏水性导致液滴不易侵入表面结构而截留空气产生气膜，使得液珠仿佛是"坐"在粗糙表面之上，当表面足够疏水或者 r 足够大时，$f_s \longrightarrow 0, \theta^* \longrightarrow 180°$，液滴将"坐"在"针"尖上。因此有效的计算参数只是固液接触面上固体表面所占的分数而不是粗糙度。

当表现为高亲水时，对于高亲水部分不符合 Wenzel 线性关系的直线也可以采用 Cassie 的复合接触理论来解释，微细结构化了的表面可以看作是一种多孔的材料，虽然这只是两维上的多孔但也显示出了与平坦表面不同的性能：当表面具有这种微细结构且具有较好的亲水性能时，表面结构易产生毛细作用而使液体易渗入并堆积于表面结构之中，所以此种结构易产生吸液而在表面产生一层液膜，但是并不会将粗糙结构完全淹没，仍有部分固体露于表面，所以再有液滴置于其上就会产生由液体和固体组成的复合接触面，其中一种介质为液体，相同液体间接触角为 $0°$，得

$$\cos\theta^* = f_s(\cos\theta_e - 1) + 1 \tag{1-48}$$

式中：f_s为表观接触面上固体所占的比例，很显然，f_s越小时表观接触角就会越小。液滴的三相线受到表面固体和结构中液体的共同作用而并非真正的圆形，这也是处于铺展（spreading）与吸液（imbibition）之间的一种状态如图 1-26 所示。

图 1-26　Cassie 模型亲水表面液滴

按照 Steven Garoff 的建议,可以将之称为半毛细(hemi-wicking)作用。

本书中考虑的是各种不同结构 TiO₂ 膜在浸入水中,具有一定静水压力的情况下其与水的接触面积。TiO₂ 与水的本证接触角约为 72°,但当有紫外光照射时就会显示出高亲水性,即与水的接触角降到 0°。A. Dupuis 和 J. M. Yeomans 考虑表面能自由能,并利用格子 Boltzmann 算法求解 Navier‐Stokes 方程。模拟在重力条件下半径为 30 的球形水滴在由长方柱(长 4、宽 4、高 5) 组成间距 8 的四方阵列上由悬浮态到浸入到阵列空隙的过程。长方柱与水的本证接触角为 110°。张继华等将具有超疏水性的荷叶浸入 50 cm 深的水中浸渍 2 小时,发现荷叶表面变湿。这表明即使是疏水材料组成的表面微结构,在有一定的静水压力时水也可以浸入到表面微结构的空隙之中。以上两个例子中的空隙之间相通,在这种情况下可能出现由于各点压强有所不同,压强大处的水进入空隙中将其中的空气挤压而排除,最终水进入到表面结构的微孔之中。但是对于如图 1 ‐ 27 所示的微盲孔结构,由于孔径比较小,很容易被水将孔口封住。这时盲孔中的空气不能排除,水在静水压的作用下被压入孔中,孔中的气体由于被压缩气压增大。图 1 ‐ 27 中 R 为水面曲率半径,r 为孔半径,(a)、(b)表示孔壁为疏水介质时的水面情况;(c)、(d)表示孔壁为

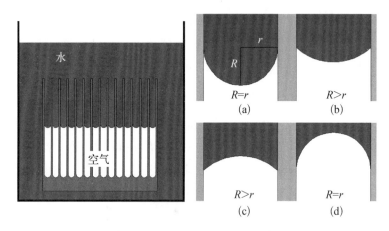

图 1 ‐ 27 微盲孔结构中水在一定静水压力存在下进入孔中

(a) 接触角等于 180°时,微盲孔中水面形成等于微孔半径的凸半球 (b) 接触角大于 90°小于 180°时,微盲孔中水面形成大于微孔半径的凸球冠 (c) 接触角大于 0°小于 90°时,微盲孔中水面形成大于微孔半径的凹球冠 (d) 接触角等于 0°时,微盲孔中水面形成等于微孔半径的凹半球

亲水介质时水面情况。当孔壁为疏水介质时,即接触角大于 90°,孔中的水面为凸球冠形,当接触角等于 180°的极限情况时,孔中水面为以孔半径为半径的凸半球面。而当孔壁为亲水介质时,即接触角小于 90°,孔中的水面为凹球冠形,当接触角等于 0°的极限情况时,孔中水面为以孔半径为半径的凹半球面。所以对于微盲孔,无论孔壁为疏水还是亲水,水都只能在静压力的作用下部分进入孔中,而不能取代里面的气体完全填充孔。而且考虑到进入盲孔中的溶液与主体溶液之间的传质只能依靠扩散进行,这样随着孔深度的增加其盲孔内表面积的有效性则降低。

所以在计算有效比表面积时,对于盲孔结构只计算距开口处深度等于孔直径部分的孔内表面积,更深处的孔内表面积可以忽略。而对于空隙之间相互连通溶液可以流动的模型,则可以认为其表面积全为有效表面积。

① 平面膜的有效比表面积。

根据前面的分析和对平面膜表面积的计算,对于平面膜,其有效表面积为 1。

② 多孔膜的有效比表面积。

根据前面的分析,多孔结构属于盲孔结构,故其孔壁的有效表面积只计算距开口处孔深度等于孔直径部分。如图 1 - 27 所示,为便于计算假设多孔膜的孔为均一的,孔半径为 R,密度为 ε,则多孔膜的有效比表面积为

$$S_{有效膜} = \frac{S_{有效表}}{S_{沉积}} = \frac{ab + \varepsilon ab \cdot 2\pi R^2 - \varepsilon ab \pi R^2}{ab} = 1 + \varepsilon \pi R^2 \quad (1-49)$$

式中:$S_{有效膜}$ 为膜的有效比表面积;$S_{有效表}$ 为多孔膜的有效表面积;$S_{沉积}$ 为沉积薄膜所占面积;a 为 TiO_2 膜所覆盖面积的长;b 为 TiO_2 膜所覆盖面积的宽;ε 为多孔膜的孔密度;R 为多孔膜的孔半径。

从式(1 - 49)可以看出,多孔膜的有效比表面积主要与多孔膜的孔密度、孔半径有关。孔密度越大,孔半径越大,其有效比表面积也就越大。

将以密排六方排列时的最大孔密度式(1 - 24)代入式(1 - 49)得

$$S_{有效膜} = 1 + \varepsilon \pi R^2 = 1 + \frac{\sqrt{3}\pi}{6} \quad (1-50)$$

这样对于多孔膜其有效比表面积为 $1 + \dfrac{\sqrt{3}\pi}{6}$。

③ 纳米管膜的有效比表面积。

根据前面的分析,纳米管结构属于盲孔结构,故其孔壁的有效表面积只计算距开口处孔深度等于孔直径部分。如图 1 - 28 所示,为便于计算假设纳米管是均一的,管外径为 R,内径为 r,深度为 d,纳米管膜的有效比表面积为

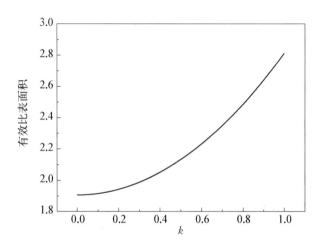

图 1 - 28　纳米管内外径比例与有效比表面积之间的关系

$$S_{\text{有效膜}} = \frac{S_{\text{有效表}}}{S_{\text{沉积}}} = \frac{ab + \varepsilon ab \cdot \pi(r^2 + R^2)}{ab} = 1 + \varepsilon\pi(r^2 + R^2)$$

$$(1 - 51)$$

式中:$S_{\text{有效膜}}$ 为膜的有效比表面积;$S_{\text{有效表}}$ 为纳米管膜的有效表面积;$S_{\text{沉积}}$ 为沉积薄膜所占面积;a 为 TiO_2 膜所覆盖面积的长;b 为 TiO_2 膜所覆盖面积的宽;ε 为纳米管的密度;R 为纳米管的外半径;r 为纳米管的内半径。

从式(1 - 51)可以看出,纳米管膜的有效比表面积主要与纳米管的密度、外半径、内半径有关。比表面积随着纳米管的密度、外径、内径的增大而增大。

与多孔膜结构类似,当纳米管以密排六方形式排列时其密度最大。将式(1 - 24)代入式(1 - 51)得

$$S_{\text{有效膜}} = 1 + \frac{\sqrt{3}}{6R^2}\pi(r^2 + R^2)$$

$$(1 - 52)$$

设 k 为纳米管内外径之比：

$$k = r/R \qquad (1-53)$$

则

$$S_{有效膜} = 1 + \frac{\sqrt{3}}{6R^2}\pi(r^2 + R^2) = 1 + \frac{\sqrt{3}}{6}\pi(k^2 + 1) \qquad (1-54)$$

图 1-28 表示纳米管内外径比例与有效比表面积之间的关系。

从图 1-28 可以看出纳米管膜的有效比表面积随着纳米管内外径比值的增大而增大。随着内外径比值从 0.001 到 0.999 变化，有效比表面积的变化区间为 1.91~2.81。

④ 尖劈结构膜的有效比表面积。

根据前面的分析，各种尖劈结构属于空隙间相互连通的开放性结构，故其有效比表面积与前面计算的比表面积一致。

尖劈模型(a)是由圆锥单元按四方阵列组合而成。其有效比表面积为

$$S_{有效膜} = 1 + \frac{\pi}{4R}(\sqrt{R^2 + d^2} - R) \qquad (1-55)$$

式中：$S_{有效膜}$ 为膜的有效比表面积；R 为圆锥的半径；d 为圆锥的高度。

尖劈模型(b)是由圆锥单元按密排六方阵列组合而成。其有效比表面积为

$$S_{有效膜} = 1 + \frac{\sqrt{3}\pi}{6R}(\sqrt{R^2 + d^2} - R) \qquad (1-56)$$

式中：$S_{有效膜}$ 为膜的有效比表面积；R 为圆锥的半径；d 为圆锥的高度。

尖劈模型(c)是由正六棱锥单元按密排六方排列而成。其有效比表面积为

$$S_{有效膜} = \frac{2}{c}\sqrt{\frac{1}{4}c^2 + d^2} \qquad (1-57)$$

式中：$S_{有效膜}$ 为膜的有效比表面积；c 为四棱锥的底面边长；d 为四棱锥的高度。

尖劈模型(e)是由正三棱锥以六方密排组成。其有效比表面积为

$$S_{有效膜} = \frac{2\sqrt{3}}{c}\sqrt{\frac{1}{12}c^2 + d^2} \tag{1-58}$$

式中：$S_{有效膜}$ 为膜的有效比表面积；c 为三棱锥的底面边长；d 为三棱锥的高度。

根据前面对各种模型有效比表面积的计算可以看出除了平面模型、多孔膜型、纳米管模型外，其余模型的有效比表面积都随着其几何参数的变化而变化。为了便于分析，使得各种模型的参数 $d = R = c$，进行比较（见表 1-4）。

表 1-4 各种模型有效比表面积的比较

模　型	有效比表面积	有效比表面积 $(d = R = c)$	有效比表面积（数值）
平面模型	1	1	1
多孔模型	$1 + \dfrac{\sqrt{3}\pi}{6}$	$1 + \dfrac{\sqrt{3}\pi}{6}$	1.91
纳米管模型	$1 + \dfrac{\sqrt{3}}{6}\pi(k^2 + 1)$	$1 + \dfrac{\sqrt{3}}{6}\pi(k^2 + 1)$	$(1.91\sim2.81)(k$ 的取值范围为 $(0,1))$
尖劈模型(a)	$1 + \dfrac{\pi}{4R}(\sqrt{R^2 + d^2} - R)$	$1 + \dfrac{\pi}{4}(\sqrt{2} - 1)$	1.33
尖劈模型(b)	$1 + \dfrac{\sqrt{3}\pi}{6R}(\sqrt{R^2 + d^2} - R)$	$1 + \dfrac{\sqrt{3}\pi}{6}(\sqrt{2} - 1)$	1.38
尖劈模型(c)	$\dfrac{2}{3c}\sqrt{\dfrac{9}{4}c^2 + 3d^2}$	$\dfrac{\sqrt{21}}{3}$	1.53
尖劈模型(d)	$\dfrac{2}{c}\sqrt{\dfrac{1}{4}c^2 + d^2}$	$\sqrt{5}$	2.24
尖劈模型(e)	$\dfrac{2\sqrt{3}}{c}\sqrt{\dfrac{1}{12}c^2 + d^2}$	$\sqrt{13}$	3.61

不同形貌的 TiO_2 膜模型不但具有不同的表面积、有效比表面积，其对光的吸收率也不尽相同。采用光线追迹技术对 TiO_2 膜模型进行模拟，从而得出不同膜结构的 TiO_2 膜对光的吸收率。

在几何光学中，当光线到达两种光介质的界面时，入射光线就会被分为反射光线和折射光线。假定入射光线是从空气向一种光密介质传播，这种光密介质对光线有一定的吸收作用，当折射光在这种光密介质中传播时就会被其吸收。如果界面是平面时,反射线反射回空气中,不能被吸收。然而,当我们创造一种具有侧面的界面,如金字塔结构界面,如图 1 - 29 所示。如果一些几何关系满足时,当从一个侧面反射回来的反射光线会入射到另一个侧面。而且可以看出当金字塔结构顶角减小时,反射次数就会增加,每多一次反射就多一次吸收,这样就会增加光的吸收率。假如反射光线与折射光线强度相等,也就是入射光线强度的一半,反射次数为 n,由于所有折射光线被光密介质完全吸收,最终反射进入空气的 n 次反射线的强度就为入射光线强度的 0.5^n 倍。当 n 增加,最终反射光线的强度就会急剧下降。这就是光陷阱结构的陷光原理。

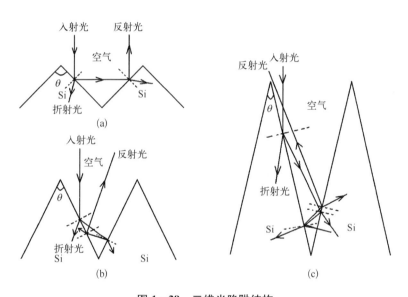

图 1 - 29 二维光陷阱结构

(a) 二次入射,$\theta = 90°$ (b) 三次入射,$\theta = 60°$ (c) 多次入射,$\theta = 30°$

模拟过程是在 Lambda Research 公司基于光纤追迹技术的 TrancePro 软件中进行。模拟过程如图 1 - 30 所示。用于研究的具有光陷阱结构的尺寸为 $500 \, \mu m \times 500 \, \mu m$,厚度为 $100 \, \mu m$。光源为 $300 \, \mu m \times 300 \, \mu m$,光源波长从 $300 \sim 1\,200$ nm。波长进步长度为 10 nm,光线总数为 $10\,000$ 条,总能量为 1 W。光从垂直于表面方向照射到模型表面。光线经光密介质表面的多次反射吸收,使最终反射出其表面的光线能量降到很低。反射率数据是用分光光

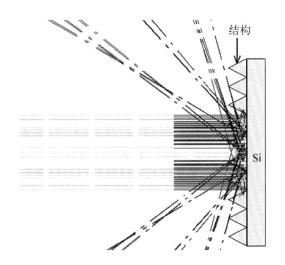

图 1-30 光线追迹过程

实线为入射光线；虚线和点画线为反射线。不同类型的线
表示其强度不同。实线、虚线、点画线的强度依次减弱。

度计测试不同波长的光在机械抛光硅表面的反射得出，光波长度范围为300～
1 200 nm，如图 1-31(a) 所示。太阳光在不同波长的辐射强度数据如图
1-31(b) 所示。最终，结构吸收率定义为

$$A_{i\theta} = (I_0 - I_1)/I_0 \times 100\% \tag{1-59}$$

式中：$A_{i\theta}$ 为结构在一定顶角和一定波长时的吸光率；I_0 为最初入射光的总强
度；I_1 为最终反射出光密介质表面的光强度。不同光陷阱结构在不同顶角对
太阳光的地吸收率用下式计算：

$$A_\theta = \frac{\sum\limits_{i=300}^{1\,200} A_i S_i}{\sum\limits_{i=300}^{1\,200} S_i} \times 100\% \tag{1-60}$$

式中：A_θ 为一定角度时对太阳光的吸收率；A_i 为波长为 i nm 时的吸收率；S_i 为
太阳光在波长为 i nm 处的辐射强度。

为了评估光线追迹模拟技术的可靠性，对比了模拟值与实验实测值。模
拟值是使用光线追迹技术模拟与化学腐蚀形貌类似的顶角为 70°的四棱锥结

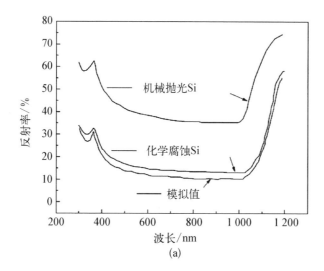

(a)

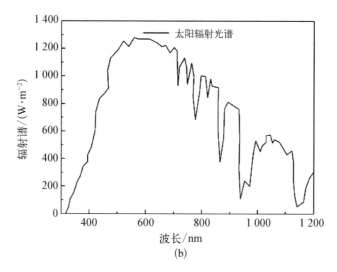

(b)

图 1 - 31　(a) 抛光硅、化学腐蚀硅表面对不同波长光的反射率
　　　　　测试值和化学腐蚀硅表面对不同波长光的反射率模
　　　　　拟值　(b) 到达地面的太阳辐射光谱

构得出;实验值是使用分光光度计实测出,由 NaOH 溶液对单晶硅进行了各向
异性腐蚀,制备出的具有四棱锥结构的绒面硅的反射率。结果如图 1‐31(a)
所示,对比模拟值和实验值可以看出,反射率的模拟值与实验测试值非常接
近。模拟曲线趋势与实验曲线完全符合。模拟值比实验值稍低一些。这是因
为用于模拟的结构与化学腐蚀硅的结构不完全一样。用于模拟的结构是非常
理想和规整的,而化学腐蚀结构不规整。所以可以认为本书中用到的光线追
迹模拟技术是可靠的。

① 平面膜、多孔膜和纳米管膜的吸光率。

平面膜、多孔膜和纳米管膜模型的吸光率模拟结果如图 1‐32 所示。这
几种模型的吸光率与抛光面的吸光率相等。由于这几种模型都没有倾斜的表
面,所以当光线垂直于其表面入射时反射光线将不能再次入射其表面形成吸
收,所有光线只有一次吸收。

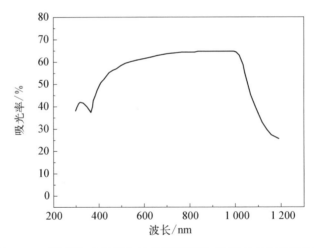

图 1‐32 平面膜、多孔膜和纳米管膜模型对不同波长光的吸光率

② 尖劈结构膜的吸光率。

光陷阱结构密度对其吸光率的影响如图 1‐33 所示。吸光率用等高线表
示。四方阵列圆锥结构和密排圆锥结构的圆锥覆盖率分别为 89.1% 和
96.1%。从图 1‐33 中可以看出,图 1‐33(b)中吸光率在 0.8～0.9 的面积大
于图 1‐33(a)。而且在图 1‐33(b)中有一个小面积代表吸光率达到 0.9～
0.999 9,而图 1‐33(a)中没有出现代表吸光率达到 0.9～0.999 9 的面积。这

表明高的圆锥覆盖率具有高的光吸光率。因此,吸光率随着圆锥覆盖率的增大而增大。这就意味着表面光陷阱结构密度越大其吸光率越高,这与光陷阱结构的陷光原理一致。

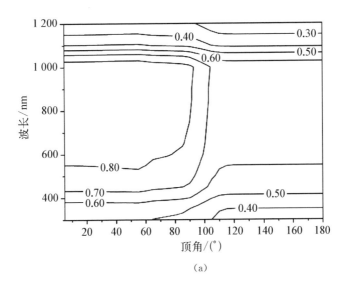

(a)

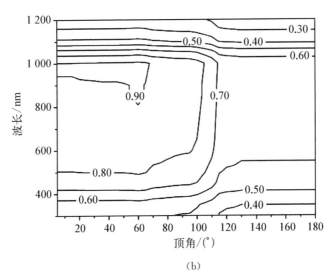

(b)

图 1‐33　(a) 四方阵列　(b) 六方阵列排布的圆锥结构模
型在不同顶角和不同波长时的吸光率

　　光陷阱结构的几何形状对吸光性能的影响如图 1-33、图 1-34 所示。当光陷阱结构单元从圆锥、六棱锥、四棱锥、三棱锥依次变化时,图中表示吸光率为 0.9~0.999 9 的面积依次增大。当顶角小于 100°三棱锥光陷阱结构对波长在 640~1 080 nm 的光的吸收率都超过 90%。这表明在这些光陷阱结构中,三棱锥光陷阱结构表现出最好的吸光性能,而圆锥光陷阱结构的吸光性能最差。当光陷阱结构从三棱锥过渡到圆锥,吸光率减小了。这是因为三棱锥的斜面比其他结构能捕获更多的反射光线。

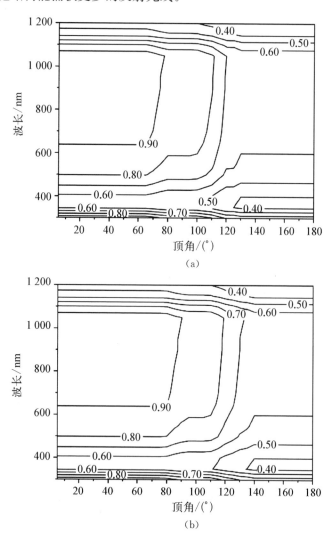

(a)

(b)

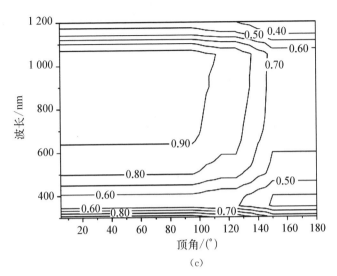

图 1-34　不同结构模型在顶角和不同波长时的吸光率

(a) 六棱锥　(b) 四棱锥　(c) 三棱锥

顶角对光陷阱结构的吸光率的影响如图 1-33、图 1-34 所示。当圆锥、六棱锥、四棱锥和三棱锥的顶角分别大于 110°、115°、130° 和 145° 时,其吸光率与机械抛光硅一样。这是因为在这些情况下,光线到达其表面一次以后就反射出表面。斜面的倾斜度太小而不能在其表面产生多次反射,这样就不能构成光陷阱结构。当圆锥、六棱锥、四棱锥和三棱锥的顶角分别小于 70°、85°、100° 和 145° 时,其对波长在 640~1 080 nm 光的吸收率均大于 0.9。这是因为随着顶角的减小光在光陷阱结构表面的发射次数增加如图 1-29 所示。在这种情况下,光在光陷阱结构表面反复反射,最终几乎全部被吸收。

不同光陷阱结构在不同顶角对太阳光的吸收率计算结果如图 1-35 所示。对太阳光的吸收率大小依次为三棱锥、四棱锥、六棱锥、密排圆锥和正方阵列圆锥光陷阱结构。当顶角分别小于 60°、80°、100° 六棱锥、四棱锥和三棱锥光陷阱结构对太阳光吸收率相同,均大于 85%。三棱锥光陷阱结构的范围要比其他两种光陷阱结构宽。所以在这些光陷阱结构中三棱锥光陷阱结构具有最好的光陷阱效应。而正方阵列圆锥光陷阱结构的光陷阱效应最差。甚至当顶角已经足够尖,小于 60°,四方阵列圆锥光陷阱结构对太阳光的吸收也不高,小于 80%。硅对光的吸收率与硅表面光陷阱结构单元的形状、顶角和密度 3

个因素相关。其中密度是影响最大,其次是角度和形状。这与前面对密度、角度和形状对吸收率的影响的讨论结果一致。

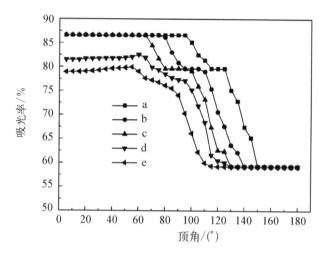

图1-35 不同结构模型在不同顶角时对太阳光的吸光率

(a) 三棱锥 (b) 四棱锥 (c) 六棱锥 (d) 六方密排圆锥 (e) 四方排列圆锥

根据对各种模型吸光率模拟结果可以看出各种模型吸光性能由好到差依次为:尖劈模型(e),尖劈模型(d),尖劈模型(c),尖劈模型(b),尖劈模型(a),纳米管模型、多孔膜性、平面模型。

通过计算和模拟,可以得出三棱锥结构的微结构模型既具有较大的有效比表面积,同时具有高的光吸收率,从而具有较高的光催化效率。

1.3.5 重金属污染治理修复

随着材料科学的发展,各种各样的用于重金属污染治理的功能材料被广泛研究,并成为被关注的热点。目前,用于重金属污染治理的环境工程材料主要包括重金属净化材料、修复材料以及替代材料等。

1.3.5.1 重金属污染净化

环境净化材料能够净化或吸附环境中的重金属污染物,包括过滤、吸附、分离等材料。众多的氧化还原材料、沉淀分离材料,吸附催化材料等在重金属污染治理与防护中发挥着重要作用。

本节通过几种含重金属废水处理工艺介绍净化材料在其中的应用。

1) 铁氧体法处理含镉废水处理工艺

首先在含镉废水中投加适当的硫酸亚铁,然后加碱中和,通气生成铁氧体。其主要化学反应如下:

$$Fe^{2+} + xCd^{2+} + 6OH^- \longrightarrow Fe_{(3-x)}Cd_x(OH)_6 \xrightarrow{\frac{1}{2}O_2} Cd_xFe_{(3-x)}O_4 + 3H_2O$$

$$(1-61)$$

由于铁氧体具有强磁性,可用高梯度磁分离技术使固液分离。铁氧体即使堆存,因为它难溶于水也不会造成二次污染。

2) 含砷地表水的饮用水处理工艺

主要采用以投加适量铁盐混凝剂和氧化剂为核心的强化常规处理工艺。除砷的机理是先投加氧化剂将可能存在的三价砷氧化成五价砷。再投加适量铁盐混凝剂,形成氢氧化铁与五价砷的共沉淀物,并借助形成的矾花絮体对水中五价砷进行络合吸附。梁慧锋等用新生态 MnO_2 对水中三价砷去除作用进行了研究,发现新生态 MnO_2 具有较强的氧化性和吸附性,能与水中的砷发生吸附共沉,从而达到除砷的效果。其去除率高、作用速度快,且去除效果只受 pH 的影响。

3) 含铬废水的处理工艺

对于含铬废水,最有效、最经济的方法是中和凝聚法。含铬废水中铬主要以 CrO_4^{2-} 和 $Cr_2O_7^{2-}$ 等形式存在。处理时先投入 $FeSO_4 \cdot 7H_2O$ 或 $NaHSO_3$ 还原剂,使六价铬离子还原为三价铬离子,由于三价铬离子强烈水解,并以 $Cr_2O_3 \cdot nH_2O$ 沉淀形式沉积下来,从而降低毒性。调节 pH 值为 7~9 后,便可排放到自然界水体中。其原理如下:

$$CrO_4^{2-} + 3Fe^{2+} + 8H^+ \longrightarrow Cr^{3+} + 3Fe^{3+} + 4H_2O \qquad (1-62)$$

$$Cr_2O_7^{2-} + 6Fe^{2+} + 16H^+ \longrightarrow 2Cr^{3+} + 6Fe^{3+} + 7H_2O \qquad (1-63)$$

$$Cr^{3+} + 3OH^- \longrightarrow Cr(OH)_3 \downarrow \qquad (1-64)$$

$$Fe^{3+} + 3OH^- \longrightarrow Fe(OH)_3 \downarrow \qquad (1-65)$$

4) 吸附材料在重金属废水处理中的应用

活性炭对高浓度含汞废水具有较高的去除率(85%~99%),对低浓度汞的去除率虽然并不高但出水中汞含量最低。活性炭的对废水中汞的处理效果与若干因素有关，其中包括汞的初始形态和浓度、活性炭的用量和种类、pH 值以及活性炭与含汞废水的接触时间等。增大活性炭用量以及增加接触时间都可以提高无机汞和有机汞的去除率，活性炭对有机汞的脱除作用比对无机汞更为有效。

纳米材料的结构特性赋予其许多优于传统材料的性能。随着粒径的减小，纳米粒子的表面原子数、表面积、表面能和表面结合能均逐渐增大。其表面原子可与金属离子以静电作用等方式结合，对一些金属离子具有很强的吸附能力，且可在较短的时间内达到吸附平衡。纳米材料的大比表面积使得其具有比一般吸附材料更大的吸附容量，是一种很有发展潜力的固相吸附材料。

近年来一系列纳米金属氧化物在处理含重金属离子的工业废水方面，取得了显著效果。郝存江等采用溶胶-凝胶法合成纳米 γ-Al_2O_3，发现在 pH 值为 6～7 条件下，对金属离子 Pb(Ⅱ)、Cd(Ⅱ)、Cr(Ⅵ)有强烈的吸附能力。肖亚兵等研究发现纳米二氧化钛在较宽酸度范围内对含砷废水中 As 和 As 的吸附率可达 99%。刘艳等采用溶胶-凝胶法制备二氧化钛溶胶，将其浸渍在硅胶上，合成了负载型纳米二氧化钛材料并研究负载型纳米 TiO_2 材料对重金属离子 Cd^{2+}，Cr^{3+}，Cu^{2+} 和 Mn^{2+} 的吸附性能。结果表明，在 pH 值 8～9 范围内，所研究的重金属离子均可被定量富集。另外，新型的纳米二氧化硅材料也可用来去除重金属污染。由于纳米二氧化硅具有较大的表面积和规则的气孔，同时表面存在多种有机配体，这使其可以从废水中提取重金属，是一种理想的材料。Wang 等发现，一种新型的 SiO_2 纳米线材料，作为吸附剂，可以有效去除水中的 Hg(Ⅱ)等重金属污染。另外，一定形状尺寸的二氧化硅纳米颗粒在水中有很好的悬浮性，可广泛应用于重金属水污染的治理。

1.3.5.2　重金属污染修复

重金属污染的修复方法主要有物理修复、化学修复和生物修复等。其中物理修复和化学修复时间短、费用低、适用范围广、效果明显、方法日臻成熟，相关机理也研究的较为透彻。如利用含磷材料对环境重金属污染进行修复，作为化学修复中一种极具应用前景的新型方法，是重金属污染原位修复的有效方法之一。但是，物理化学修复存在处理费用高、技术设备要求高、处理过程复杂、存在二次污染等问题。

生物修复是利用各种天然生物过程而发展起来的一种现场处理各种环境污染的技术,具有处理费用低、对环境影响小、效率高等优点。重金属污染土壤生物修复技术,是利用生物作用,削减、净化土壤中重金属或降低重金属毒性,主要包括微生物修复和植物修复两种类型。

1) 微生物修复

受到重金属污染的土壤往往富集多种耐重金属的真菌和细菌。微生物对重金属活性的影响主要体现在生物吸附上。由于微生物对重金属具有很强的亲和吸附性能,有毒金属离子可被沉淀,或被轻度螯合在可溶或不溶性生物多聚物上。比如藻类对铜、铀、铅、镉等都有吸收积累作用,筛选出的微藻,经过培养,用于进行特定的生物去除金属离子,可解决金属污染问题。同时,一些微生物可对重金属进行生物转化,其主要作用机理是微生物能够通过氧化、还原、甲基化和脱甲基化作用转化重金属,改变其毒性,从而形成了某些微生物对重金属的解毒机制。

目前微生物修复技术主要有两种:原位修复技术和异位修复技术。原位修复技术是在不破坏土壤基本结构的情况下的微生物修复技术,有投菌法、生物培养法和生物通气法等。其中,生物通气法采用真空梯度井等方法把空气注入污染土壤以达到氧气的再补给,可溶性营养物质和水则经垂直井或表面渗入的方法予以补充。

异位修复处理重金属的主要技术包括预制床技术、生物反应器技术、厌氧处理和常规的堆肥法等。预制床修复的简要操作规程为在平台上铺上沙和石子,将污染土壤平铺于平台上,并加入营养液和水,定期翻动供氧,以满足土壤微生物的生长需要,将处理过程中流出的渗滤液及时回灌于土层,以彻底清除污染物。

生物泥浆反应器是一种典型的生物反应器,主要技术环节是把预处理的土壤用水调和至泥浆状后放入一带有机械搅动装置的目标反应器,然后通过对反应器内的温度和 pH 值的调控以及必要营养和氧气的补充,使污染物达到最大程度降解。

厌氧处理是指在没有游离氧存在的条件下,兼性细菌与厌氧细菌降解和稳定有机物的生物处理方法。

常规堆肥法是将污染土壤与有机废弃物质、粪便等混合起来,依靠堆肥过程中的微生物作用来降解土壤中的有机污染物。近年来,国内外学者均在微生物修复技术的原理、工艺、影响因素、降解效果等方面开展了大量的研究工作,并应用到重金属污染的治理中。

2) 植物修复

植物修复技术是利用植物对某种污染物具有特殊的吸收富集能力,将环境中的污染物转移到植物体内或将污染物降解利用,对植物进行回收处理,达到去除污染与修复生态的目的。植物修复材料有异于物理修复、化学修复和微生物修复的优点,如处理成本低、适应性强、吸收污染物的生物量大,效果持久、安全可靠,已经成为人们普遍接受的土壤重金属污染处理的首选技术。

植物修复重金属污染土壤的作用从机理上可分为植物吸收、植物挥发和植物固定 3 种类型。植物吸收是利用专性植物根、茎吸收一种或几种污染物,尤其是重金属,并将其转移、储存到植物茎叶,然后收割茎叶离地处理。对重金属元素的吸收量超过一般植物 100 倍以上的超积累植物积累的 Cr、Co、Ni、Ca、Pb 的含量一般在 0.1% 以上,积累的 Mn、Zn 含量一般在 1% 以上。利用超积累植物的重金属污染土壤植物修复技术因为利用太阳能,且不产生二次污染,所以被认为环境亲和性修复技术。

植物挥发只针对土壤中易挥发污染物。比如,在利用转基因植物降解生物毒性汞时,将来源于细菌中的汞的抗性基因转移到植物中,可以使其具有在通常生物中毒的汞浓度条件下生长的能力,而且还能将从土壤中吸收的汞还原成挥发性单质汞。

植物固定主要是利用植物吸收和沉淀来固定土壤中大量的有毒金属,以降低其生物活性并防止其进入地下水和食物链,从而减少其对环境和人类健康的污染。如植物可通过分泌磷酸盐与铅结合成难溶的磷酸铅,使铅固化而降低铅的毒性,同时还能使毒性较高的 Cr^{6+} 转变为基本没有毒性的 Cr^{3+},使其固化。

1.3.5.3　重金属替代材料

用环境负荷小的材料替代环境负荷大的材料是 21 世纪新型生态环境材料应用开发的重要内容。而研究重金属组分的替代材料是重金属污染治理的一个重要分支。鉴于近几年电子废弃物的飞速增长对环境造成的严重危害,用绿色无铅焊料代替传统的锡铅焊料,在减少重金属污染、保护生态环境方面具有重要意义。传统锡铅焊料 Sn63Pb37 为锡铅低共熔点,其共晶温度是 183℃,与目前印制电路板(printed circuit board,PCB)的耐热性能接近,并且具有良好的可焊性、导电性以及较低的价格等优点而得到广泛使用。如果大量的含铅废物被遗弃在自然界,其中的铅元素易溶解至酸性的雨水中,渗入到土壤,并最终溶入地下水致使环境污染。近年来随着人们环保意识的增强和对于自身健康的关注,铅污染越来越受到人们的重视。基于长期广泛使用含铅焊料会给人类环境和安全带来不可忽视的危险,欧盟、美国、日本等已颁布了禁止使用铅及铅化合物的立法,使已经成熟的锡铅焊料势必被性能相近或更高的无铅焊料所替代。

1999 年,日本 OEMS 宣布:在 2001—2002 年,按计划分步骤禁止使用含铅焊料。2000 年 6 月,美国电子电路与电子互联行业协会(IPC)发表无铅化指南,建议美国企业界于 2001 年推出无铅化电子产品,2004 年实现全面无铅化。2002 年 10 月 11 日,欧洲议会和欧盟部长理事会批准通过了 WEEE(报废电子电气设备)和 RoHS(关于在电子电气设备中禁止使用某些有害物质)的指令,要求自 2006 年 7 月 1 日起,在欧洲市场上销售的电子产品必须为无铅的电子产品。鉴于欧盟颁布指令中对电子产品所做的规定,中国政府于 2006 年 2 月 28 日正式颁布了《电子信息产品生产污染防治管理法》,确定了对电子信息产品中含有的铅、汞、镉、六价铬和多溴联苯(PBB)、多溴二苯醚(PBDE)等六种有毒有害物质的控制采用目录管理的方式,循序渐进地推进禁止或限制其使用。

参考文献

[1] 唐受印,汪大翚.废水处理工程[M].北京:化学工业出版社,2000.

[2] 李国昌,王萍,魏春城.煤矸石陶粒滤料的制备及性能研究[J].金属矿山,2007(2):78-83.

[3] 夏光华,廖润华,成岳,等.高孔隙率多孔陶瓷滤料的制备[J].陶瓷学报,2004,25(1):24-27.

[4] 李孟,黄功洛,吴珍珍.新型陶瓷滤料在工业废水处理中的应用[J].武汉理工大学学报,2005,27(7):30-32.

[5] 李方文,吴建锋,徐晓虹,等.应用多孔陶瓷滤料治理环境污染[J].中国安全科学学报,2006,16(7):112-116.

[6] 郭秉臣,范晓玲.新型耐高温滤料用纤维[J].北京纺织,2001,22(4):40-46.

[7] 李华,沈恒根,陈强.新型复合滤料在燃煤锅炉烟气净化上的应用研究[J].产业用纺织品,2004,(10):33-37.

[8] 赵文焕,原永涛,赵利.聚四氟乙烯覆膜滤料的发展及应用特点[J].建筑热能通风空调,2006,25(4):35-37.

[9] 杨国华,周江华,舒海平,等.双层滤料颗粒床过滤除尘新方法的研究[J].动力工程,2005,25(6):891-894.

[10] 邓慧萍,梁超,常春,等.涂铁铝砂对水中有机物去除效果研究[J].同济大学学报:自然科学版,2005,35(8):1080-1084.

[11] 张寿恺,邱梅.水处理用的KDF和MRPS合金滤料[J].净水技术,2000,19(4):31-33.

[12] 熊仁军,刘卫平,习兴梅,等.铜锌合金滤料在水处理中的应用及改进展望[J].工业安全与环保,2004,30(10):5-8.

[13] 臧佶,金志浩,王永兰,等.微孔碳化硅过滤材料的研究[J].西安交通大学学报,2000,34(12):56-58.

[14] 魏庭勇,靳向煜.熔喷非织造材料在液相过滤方面的新进展[J].产业用纺织品,2001,19(7):10-12.

[15] 李振瑜,王夏.彗星式纤维过滤材料[J].给水排水,2002,28(6):71-74.

[16] 吕淑清,侯勇,李俊.纤维过滤技术的研究进展[J].工业水处理,2007,26(10):6-9.

[17] 郭勇,肖波,杨加宽,等.改性纤维球处理武钢热轧含油废水中试研究[J].冶金能源,2005,24(1):51-53.

[18] 熊岚,秦戍生,何少华.纤维球滤料直接过滤原水的试验研究[J].中南工学院学报,2000,14(1):33-37.

[19] 付万军,于洪伟,徐剑涛.高效纤维过滤技术在矿区水处理中的应用[J].煤炭科学技术,2006,34(4):15-17.

[20] 刘沫,王夏,俞建德,等.彗星式纤维滤料直接过滤的试验研究[J].给水排水,2004,30(3):77-80.

[21] 刘洁,王云英,况春江,等.金属微孔材料及其在高温煤气除尘中的应用研究[J].环境污染治理技术与设备,2007,4(7):32-36.

[22] 黄翔,顾群,狄育慧.功能性空气过滤材料及其应用[J].洁净与空调技术,2003(3):38-42.

[23] 曾玉彬,张学鲁,杨东威,等.改性纤维球在稠油污水回用于锅炉用水的试验[J].工业用水与废水,2007,38(3):66-69.

[24] 张凡,程江.废水处理用生物填料的研究进展[J].环境污染治理技术与设备,2004,4(5):9-12.

[25] 朱正华,朱良均.壳聚糖的制备及其应用[J].科技通报,2006,6(19):521-524.

[26] 陈巍,何小维.天然多糖在细胞固定化载体材料中的应用进展[J].酿酒科技,2006,11:

90－92.

[27] 刘翔,高廷耀.生物接触氧化法处理污水的一种新型填料——悬浮填料[J].重庆环境科学,1999.2(21)：42－44.

[28] 关林波,但卫华.明胶及其在生物材料中的应用[J].材料导报,2006,11(20)：80－383.

[29] 崔明超,陈繁忠.固定化微生物技术在废水处理中的研究进展[J].化工环保,2003,5(23)：261－264.

[30] 门学虎,李彦锋.聚乙烯醇载体的制备及应用研究进展[J].甘肃科学学报,2004,3(16)：30－34.

[31] 龚伟中,魏甲乾.聚丙烯酰胺固定化糖化酶特性的研究[J].分子催化,2004,4(18)：291－294.

[32] 张娟,徐静娟,陈洪渊.基于 SiO_2 纳米粒子固定辣根过氧化物酶的生物传感器[J].高等学校化学学报,2004,25(4)：614－617.

[33] 张延风,许中强.分子筛膜制备技术[J].化工进展,2002,4(21)：270－274.

[34] 罗辉.环保设备设计与应用[M].北京：高等教育出版社,1997.

[35] 周群英.环境工程微生物学[M].北京：高等教育出版社,2000.

[36] 黄铭荣.水污染治理工程[M].北京：高等教育出版社,1995.

[37] 尹玉姬,姚康德.组织工程相关壳聚糖——明胶基生物材料[J].应用化学,2004,3(21)：217－221.

[38] 黄磊,程振民.无机材料在酶固定化中的应用[J].化工进展,2006,11(25)：1245－1250.

[39] 蒋小红,曹达文.硅藻土处理城市污水技术[J].重庆环境科学,2003,11(25)：73－75.

[40] 江帆,陈维平.新型水环境治理材料的研究进展[J].水处理技术,2006,2(32)：1－4.

[41] 方玉堂,丁静.陶瓷基硅胶吸附材料的实验研究[J].化学工程,2005,2(33)：35－38.

[42] 何延青,刘俊良.微生物固定化技术与载体结构的研究[J].环境科学,2004(25卷增刊)：101－104.

[43] 王建龙.生物固定化技术与水污染控制[M].北京：科学出版社,2002.

[44] 龚伟中,魏甲乾.聚丙烯酰胺固定化糖化酶特性的研究[J].分子催化,2004,4(18)：291－294.

[45] 顾夏生,等.水处理工程[M].北京：清华大学出版社,1985.

[46] 冯奇,马放,冯玉杰.环境材料概论[M].北京：化学工业出版社,2007.

[47] 廖国礼,吴超,等.资源开发环境重金属污染与控制[M].长沙：中南大学出版社,2005.

[48] 鑫磊.重金属污染危害及其防治[J].国土资源与环境,2000(51)：38.

[49] Mulugeta Abtew, Guna Selvaduray. Lead-free solders in microelectronics [J]. Materials Science and Engineering, 27 (2000)：95－14.

[50] 过俊朗.铁氧体共沉淀工艺处理含重金属污水[J].电子材料,1973(9)：70.

[51] Saito Isamw. The absorption of activated carbon-ferritemethod[P]. Japan Kokai：7426,657.

[52] 梁慧锋,马子川,张杰,等. 新生态二氧化锰对水中三价砷去除作用的研究[J]. 环境污染与防治, 2005(3)：168 - 171.

[53] V. Radisavd, P. S. Douglas, Vapor-phase elemental mercury absorption by activated carbon impregnate with chloride and chelating agents[J]. Carbon,2001(39)：3 - 14.

[54] 郝存江,冯青琴,元炯亮,等. 纳米 γ - Al_2O_3 的制备及其对铅(Ⅱ)镉(Ⅱ)铬(Ⅵ)的吸附性能[J]. 应用化学,2004(9)：958 - 961.

[55] 肖亚兵,钱沙华,黄淦泉,等. 纳米二氧化钛对砷(Ⅲ)和砷(Ⅴ)吸附性能的研究[J]. 分析科学学报, 2003 (2)：172 - 175.

[56] 刘艳,梁沛,郭丽,等. 负载型纳米二氧化钛对重金属离子吸附性能的研究[J]. 化学学报, 2005 (4)：312 - 316.

[57] H. Wang, X. H. Zhang, D. D. Ma, et al. Large-scale silica nanowire array grown on liquid tin and its applications as Hg(Ⅱ) scavenger[J]. Applied Physics Letters, 2008 (2),023119.

[58] Gnana Kumar, G., Senthilarasu, S., Lee, D. N., et al. Synthesis and characterization of aligned SiO_2 nanosphere arrays：Spray method[J]. Synthetic Metals,2008(17 - 18)：684 - 687.

[59] 龙梅,胡锋,李辉信,等. 低成本含磷材料修复环境重金属污染的研究进展[J]. 环境污染治理技术与设备, 2006(7)：1 - 10.

[60] 夏立江,华珞. 重金属污染生物修复机制及研究进展[J]. 核农学报,1998(1)：59 - 64.

[61] 中华人民共和国信息产业部、发展改革委、商务部、海关总署、工商总局、质检总局、环保总局(第 39 号)令. 电子信息产品污染控制管理办法[Z]. 2006.

[62] J. Glazer. Metallurgy of low temperature Pb-free solder for electronic assembly[J]. International Materials Reviews，1995,40(2)：65 - 93.

[63] Shasha Zhang, Yijie Zhang, Haowei Wang. Effect of oxide thickness on the coalescence of Sn-Ag-Cu solder paste[J]. Journal of alloys and compounds，2009，487：682 - 686.

[64] M. Abtewa, G. Selvaduray. Lead-free Solders in Microelectronics[J]. Materials Science and Engineering：R,2000,27：95 - 141.

[65] X. Chen, A. Hu, M. Li, et al. Study on the properties of Sn - 9Zn - xCr lead-free solder[J]. Journal of Alloys and Compounds，2008,460：478 - 484.

第2章　气体污染治理修复材料

大气是由一定比例的氮、氧、二氧化碳、水蒸气和固体杂质微粒组成的混合物。就干洁空气而言,按体积计算,在标准状态下,氮气占 78.08%,氧气占 20.94%,氩气占 0.93%,二氧化碳占 0.03%。随着现代工业和交通运输的发展,向大气中持续排放的物质数量越来越多,种类越来越复杂,从而引起大气成分发生急剧的变化。当大气正常成分之外的物质达到对人类健康、动植物生长以及气象气候产生危害的时候,即出现了大气污染。大气污染源主要有以下 3 个:

(1)工业。

工业作为大气污染的一个重要来源,排放到大气中的污染物种类繁多、性质复杂,主要有硫的氧化物、氮的氧化物、有机化合物、卤化物、碳化合物等,形态以烟尘和气体为主。

(2)交通运输。

汽车、火车、飞机、轮船是当代的主要运输工具,煤或石油是它们的主要动力源,在燃烧过程产生的废气也是重要的污染物。特别是城市中的汽车,因量大而集中,其排放的污染物对城市的空气造成严重污染,成为大城市空气的主要污染源之一。汽车排放的废气主要有一氧化碳、二氧化硫、氮氧化物和碳氢化合物等,前三种物质危害性较大。

(3)生活炉灶与采暖锅炉。

城市中大量民用生活炉灶和采暖锅炉需要消耗大量煤炭,其燃烧过程中释放的大量灰尘、二氧化硫、一氧化碳等有害物质会直接污染大气。特别是在冬季采暖时,往往使污染地区烟雾弥漫,也是一种不容忽视的污染源。

大气污染物种类繁多,已经产生危害或被人们注意到的污染物大约有 100 种左右,其中影响范围广,对人类环境威胁较大的主要有颗粒物质、硫氧化物、氮氧化物、一氧化碳、有机化合物、硫化氢、氟化物及光化学氧化剂等。全世界每年排入到大气的污染物重量大约为 6 亿到 7 亿吨,如表 2-1 所示。

表 2-1 世界每年排入大气的污染物总量

污染物	污 染 源	排放量/亿吨	占总量百分率%
煤粉尘	燃煤设备废气	1.0	16.3
SO_2	燃油、煤设备及化工生产设备排放的废气	1.46	23.8
NO_2	汽车、工厂设备高温燃烧排放的废气	0.53	8.6
碳氢化合物	汽车、燃煤、燃油设备和化工废气	0.88	14.3
H_2S	化工设备排放废气	0.03	0.5
CO	不完全燃烧废气,化工废气	2.20	35.8
NH_3	化工废气	0.04	0.6
合计		6.14	100

排放到大气中的污染物质,在与正常的空气成分混合过程中发生种种物理、化学变化,按其形成过程的不同,可分为一次污染物和二次污染物。所谓一次污染物是指直接从各种排放源进入大气中的各种气体、蒸汽和颗粒物,如二氧化硫、一氧化碳、氮氧化物、包括重金属毒物在内的微粒等。而二次污染物是指进入大气的一次污染物在大气中相互作用,或与大气中正常组分发生化学反应以及在太阳辐射的参与下,起光化学反应后产生的新的大气污染物。这类物质粒径一般在 $0.01 \sim 1.0~\mu m$,不仅与一次污染物物理、化学性质完全不同,而且毒性也比一次污染物强得多,常见的有硫酸及硫酸盐气溶胶、硝酸及硝酸盐气溶胶、臭氧以及许多不同寿命的活性中间体(又称自由基),如表 2-2 所示。

表 2-2 大气中气体污染分类

污 染 物	一次污染物	二次污染物
含碳化合物	SO_2、H_2S	SO_2、H_2SO_4、硫酸盐
含氮化合物	NO_x、NH_3	NO_2、HNO_3、硝酸盐
碳氢化合物	C_1-C_2 化合物	醛、酮、过氧乙酸基硝酸酯
碳氧化物	CO、CO_2	无
卤素化合物	HF、HCl	无

大气污染主要有以下几个方面危害：

（1）对人体健康的危害。

主要表现为呼吸道疾病与生理机能障碍，以及眼鼻等黏膜组织病变。例如，1952 年 12 月 5 日至 8 日英国伦敦发生的煤烟雾事件死亡 4 000 人。分析认为因工厂烟囱和居民取暖排出的废气烟尘弥漫，加之无风有雾的天气使空气中烟尘最高浓度达 4.46 mg/m³，二氧化硫的日平均浓度竟达到 3.83 ml/m³。二氧化硫经过某种化学反应，生成硫酸液沫附着在烟尘上或凝聚在雾滴上，随呼吸进入人体器官，使人患病或加速慢性病患者的死亡。

（2）对植物的危害。

大气污染物中二氧化硫、氟化物等污染物浓度较高时，会对植物产生急性危害，使植物叶表面产生伤斑，或者直接使叶枯萎脱落；当污染物浓度较低时，会对植物产生慢性危害，使植物叶片褪绿，降低植物的生理机能，造成植物产量下降，品质变坏。

（3）对天气和气候的影响。

大气污染物对天气和气候的影响是十分显著的，主要表现在以下几个方面：

① 减少到达地面的太阳辐射量。大气中大量的烟尘微粒，造成空气浑浊，使得到达地面的太阳辐射量减少。据观测统计，因烟雾可使太阳光直接照射到地面的量较之没有烟雾的日子减少近 40%。

② 酸雨。酸雨是大气中的污染物二氧化硫经过氧化形成硫酸，随自然界的降水下落形成。硫酸雨能使大片森林和农作物毁坏，能使纸品、纺织品、皮革制品等腐蚀破碎，能使金属的防锈涂料变质而降低保护作用，还会腐蚀、污染建筑物。

③ 增加大气温度。在大工业城市上空，由于有大量废热排放到空中，因此，近地面空气的温度比四周郊区要高一些。这种现象在气象学中称作"热岛效应"。

④ 对全球气候的影响。近年来，人们逐渐注意到大气污染对全球气候变化的影响问题。经过研究，人们认为在有可能引起气候变化的各种大气污染物质中，二氧化碳具有重大的作用。排放到大气中的大量二氧化碳，约有 50% 留在大气中。二氧化碳能吸收来自地面的长波辐射，使近地面层空气温度增

高,称之为"温室效应"。经粗略估算,如果大气中二氧化碳含量增加25%,近地面气温可以增加0.5～2℃。如果增加100%,近地面温度可以增高1.5～6℃。有的专家认为,大气中的二氧化碳含量照现在的速度增加下去,若干年后会使得南北极的冰溶化,导致全球的气候异常。

大气污染的防治措施很多,但最根本的一条是减少污染源。一般采用以下几种措施:

(1) 工业合理布局。

这是解决大气污染的重要措施。工厂不宜过分集中,以减少一个地区内污染物的排放量。另外,还应把有原料供应关系的化工厂放在一起,通过对废气的综合利用,减少废气排放量。

(2) 区域采暖和集中供热。

分散于千家万户的炉灶和市内密如树林的矮烟囱,是煤烟粉尘污染的主要污染源。采取区域采暖和集中供热的方法,即用设立在郊外的几个大的、具有高效率除尘设备的热电厂代替千家万户的炉灶,是消除煤烟的一项重要措施。

(3) 减少交通废气的污染。

减少汽车废气污染,关键在于改进发动机的燃烧设计和提高汽油的燃烧质量,使汽油得到充分的燃烧,从而减少有害废气。

(4) 改变燃料构成。

实行自煤向燃气的转换,同时加紧研究和开辟其他新的能源,如太阳能、氢燃料、地热等,可以大大减轻烟尘的污染。

(5) 绿化造林。

茂密的丛林能降低风速,使空气中携带的大粒灰尘下降。树叶表面粗糙不平,有的有绒毛,有的能分泌黏液和油脂,因此能吸附大量飘尘。蒙尘的叶子经雨水冲洗能继续吸附飘尘。如此往复拦阻和吸附尘埃,能使空气得到净化。

此外,对于特定的大气污染物,针对其不同的物理化学特性,选择合适的环境材料,对其进行吸收、吸附以及转化处理,减少或者杜绝这类污染物的排放。

从物理化学原理看,大气污染控制技术主要是利用大气中各成分之间不同的物理化学性质,如溶解度、吸附饱和度、露点、沸点、选择性化学反应等,借助分子间和分子内的相互作用力来进行分离、转化。分离法基本上属于物理过程,是利用外力将污染物从大气中分离出来。转化法则是典型的化学处理过程,是利用化学反应将大气中的有害物转化为无害物,然后再用其他方法进行处理。

对于烟尘、雾滴之类的颗粒状污染物,可利用其质量较大的特点,用各种除尘除雾设备使之从废气中分离出来。对于不同污染物,根据其不同的理化性质,用冷凝、吸收、吸附、燃烧、催化转化等技术进行处理。

从工艺看,处理大气污染物通常有吸收法、吸附法和催化转化法。利用物质间不同的溶解度来分离大气污染物的方法称为吸收法;利用物质吸附饱和度的差异来分离大气污染物的方法称为吸附法;利用催化剂的催化作用将大气污染物进行化学转化,使其变为无害或易于处理的物质的方法称为催化转化法。

从材料科学与工程的角度看,无论是吸附法、吸收法还是催化转化法,都要借助于一定的材料介质才能实现。因此,在环境工程材料里,相应地有吸附剂、吸收剂以及催化剂等材料介质。可以说,环境控制材料是构成净化处理的主体,是大气污染治理的关键技术之一。下面将分析几种主要的大气污染物,并着重对其治理和修复环境保护材料进行讨论。

2.1　硫化物及其治理修复材料

SO_2 是一种主要的大气污染物。SO_2 有强烈的刺激性,大气中 SO_2 的浓度在 $0.86\ mg/m^3$ 时,人的嗅觉就可以感觉到,当浓度为 $17\sim26\ mg/m^3$ 时,能刺激人的眼睛,伤害呼吸器官,如果浓度再高些,可引起支气管炎甚至可发生肺气肿和呼吸道麻痹,浓度达 $1\,143\sim1\,429\ mg/m^3$ 时可立即危及生命。

当受 SO_2 污染的大气中混入一定量的烟尘粒子后,两者结合会加剧危害。据报道,当大气中 SO_2 浓度达 $0.6\ mg/m^3$,烟尘浓度大于 $0.3\ mg/m^3$ 时,可增加呼吸道疾病的发病率,慢性呼吸道疾病患者病情还会迅速恶化。

SO_2 还可以被空气氧化成 SO_3,在燃烧过程中也产生一部分 SO_3,虽然 SO_3 浓度仅为 SO_2 的 $1\%\sim5\%$,但有水蒸气存在时,很容易形成硫酸雾和硫酸盐雾,对人体的危害更大,它引起的生理反应比 SO_2 强 $4\sim20$ 倍,这是因为 SO_2 气体基本上在呼吸道的鼻腔和咽喉处就几乎完全被吸收,而 SO_3 的微粒可侵入肺的深部组织,引起肺水肿和肺硬化而导致死亡。

SO_2 在大气中最终转化为 SO_3,这个过程是氧化过程。氧化过程有两条途径,一条是催化氧化,在有云雾,相对湿度高且有颗粒物质存在时,以催化氧化为主。另一条是光化学氧化,SO_2 如果在清洁的空气中,阳光照耀下的光氧化反应速率每小时小于 0.1%,而在臭氧—烯烃-空气反应体系中和在 NO_x-空气-烯烃反应体系中,由于阳光照射引起的光化学反应使 SO_2 的氧化速率增大至每小时 5%。空气中的氨溶解在气溶胶中的水滴里形成 NH_4^+,与 SO_4^{2-} 形成盐,亦可促使 SO_2 氧化速率增大。生成的 SO_3 遇水生成硫酸,是形成酸雨的基础,如果大气中有 NH_3 存在,还会生成硫酸铵固体气溶胶,如果大气中还存在其他金属微粒时,也会产生该金属的硫酸盐。

按各种燃料中硫的典型含量计算,燃烧 1 t 煤排放 SO_2 60 kg,燃烧 1 m^3 原油排放 SO_2 19.8 kg,燃烧 1 m^3 汽油排放 SO_2 0.295 kg,燃烧 1 m^3 柴油排放 SO_2 7.8 kg,一座规模 820 MW 的燃煤火力发电厂,煤含硫按 $3\%\sim5\%$ 计,每天排放 SO_2 为 $900\sim1\,400$ t,一座规模 250 MW 燃烧重油的火力发电厂,日排 SO_2 $48\sim72$ t。

有色金属火法冶炼生产过程产生大量 SO_2,烟气中 SO_2 浓度高达 $10\%\sim15\%$,一般为 $2.5\%\sim5\%$。例如年产铜 1×10^5 吨的火法冶炼厂平均每日排放含 SO_2 1% 的废气 6×10^6 m^3,年产 6×10^4 吨的竖罐炼锌厂日排放含 SO_2 1% 废气 1.6×10^7 m^3;年产 800 t 粗铅的冶炼厂,日排出低浓度 SO_2 废气高达 $4.8\times10^5\sim7.2\times10^5$ m^3。

硫酸生产中,每生产 1 t 100% 硫酸,排放 SO_2 $10\sim35$ kg。由硫铁矿土法炼硫,每吨硫黄要排放 SO_2 $1.8\sim2$ t。

在炼油工业中,我国原油中含硫量差异很大,范围在 $0.12\%\sim2.1\%$。主要以硫化氢状态存在于原油中,俗称酸性气。炼油厂酸性气的来源有:催化干气脱硫、液态烃脱硫和含硫污水汽提 3 个方面。这些酸性气在炼油厂经过 2 级或 3 级克劳斯硫回收装置,硫回收率低者 $80\%\sim85\%$,高者仅为 $92\%\sim96\%$,因此,还有大量的 SO_2 废气排放。

目前,世界各国对 SO_2 废气的治理方法有一百余种,但有些治理方法在技术上、经济上尚存在一些问题,致使大多数方法还处在试验室阶段或中间试验阶段。SO_2 废气治理过程的实质是:利用某种介质与气相中 SO_2 经过物理或化学作用,将 SO_2 转入液相或固相中,然后再处理或直接利用。按工艺特征,或者按吸收剂(吸附剂)状态来分类可分为干法和湿法两类。按产物特征分,或者按产物用途来分类,可分为抛弃法和回收法。按处理 SO_2 废气的反应来分类有:① 将废气中的 SO_2 等硫化物还原,转化成 H_2S,再进一步利用;② 通过催化作用,将 SO_2 氧化成 SO_3,然后被水吸收制取 H_2SO_4;③ 将废气中的 SO_2 还原成硫;④ 用各种碱性介质,吸收废气中的 SO_2,生成相应的盐类,进而综合利用。用于脱硫的环保材料也可以大致分为吸收材料,吸附材料以及催化转化材料。

2.1.1　吸收材料

早在 20 世纪 30 年代,美国就开始应用生石灰、石灰石浆料或双碱液的吸收剂技术处理含硫烟气。

1) 石灰石或石灰乳

以石灰石粉末或消石灰在水中形成石灰石粉浆液或石灰乳作为吸收剂,吸收 SO_2。在吸收塔内使吸收剂与尾气逆流接触,则 SO_2 被吸收生成亚硫酸钙而被除去。

影响反应过程的几个因素是:

(1) 浆液的 pH 值一般为 $8\sim9$,与 SO_2 接触后 pH 值迅速降到 7 以下,但降至 6 以下时,下降速度开始减小,在低 pH 值的条件下将促使设备结垢、腐蚀和活性表面钝化,因此,液浆的 pH 值要控制在 6 以上为宜。

(2) 石灰石的粒度大小直接影响到吸收剂的表面积,一般控制在 $200\sim300$ 目。粒度越小,脱硫率及石灰利用率越高。

(3) 吸收温度,采用较低的吸收温度有利于气—液传递。因低温下 SO_2 平衡分压较低。但在低温下 SO_2 和 $CaCO_3$ 或 $Ca(OH)_2$ 之间的反应速度降低。

(4) 控制吸收液过饱和,为防止吸收液过饱和造成系统结垢,最好的办法是在吸收塔的吸收液中加入亚硫酸钙或二水硫酸钙作晶种,使溶解盐优先沉积在晶种表面上,从而能够控制防止溶液过饱和。

環境控制工程材料

这种方法很早就在工业上应用。由于原料便宜、来源广泛、脱硫率在 90%以上,投资和操作费用最低,生成的亚硫酸钙是塑料的良好添加剂,也可经空气氧化(用 Fe^{2+} 作催化剂)生成石膏,供水泥生产或制轻质砖。

2) 双碱

氢氧化钠或碳酸钠溶液(第一碱)吸收 SO_2,生成亚硫酸钠,再与石灰乳(第二碱)反应生成亚硫酸钙和硫酸钙,重新放出氢氧化钠循环使用。其反应为

$$2NaOH + SO_2 = Na_2SO_3 + H_2O \qquad (2-1)$$

$$Na_2CO_3 + SO_2 = Na_2SO_3 + CO_2 \qquad (2-2)$$

$$Na_2SO_3 + Ca(OH)_2 = CaSO_3 + 2NaOH \qquad (2-3)$$

$$CaSO_3 + O_2 + 4H_2O \xrightarrow{Fe^{2+}} 2CaSO_4 \cdot 2H_2O \qquad (2-4)$$

由于吸收系统采用液体吸收,不生成沉淀物,故没有浆料结垢和堵塞问题。同时由于强碱吸收,因而吸收率高达 95%以上。

3) 碱性硫酸铝

此法采用碱性硫酸铝作为吸收剂,吸收烟气中的 SO_2,然后将它氧化,再用石灰石再生为碱式硫酸铝循环使用,同时有副产品石膏。

将粉末硫酸铝溶于水,然后加粉状石灰石,沉淀出石膏,以除去一部分硫酸根,即可得到碱式硫酸铝,其反应如下:

$$2Al_2(SO_4)_3 + 3CaCO_3 + 6H_2O \longrightarrow Al_2(SO_4)_3 \cdot Al_2O_3 + 3CaSO_4 \cdot 2H_2O + 3CO_2 \qquad (2-5)$$

采用碱式硫酸铝脱硫的反应如下:

吸收 $\qquad Al_2(SO_4)_3 \cdot Al_2O_3 + 3SO_2 \longrightarrow$
$$Al_2(SO_4)_3 \cdot Al_2(SO_3)_3 \qquad (2-6)$$

氧化 $\qquad Al_2(SO_4)_3 \cdot Al_2(SO_3)_3 + \frac{3}{2}O_2 \longrightarrow$
$$Al_2(SO_4)_3 \cdot Al_2(SO_4)_3 \qquad (2-7)$$

中和即碱式硫酸铝再生:

$$Al_2(SO_4)_3 \cdot Al_2O_3 + 3CaCO_3 + 6H_2O \longrightarrow$$
$$Al_2(SO_4)_3 \cdot Al_2O_3 + 3CaSO_4 \cdot 2H_2O\downarrow + 3CO_2 \qquad (2-8)$$

碱式硫酸铝吸收 SO_2 后,经氧化、中和后再经固液分离,以石膏作为副产物排出系统外,过滤液返回吸收系统循环使用。此工艺流程的主要特点是:

(1) 吸收液吸收能力强,可采用较小的液气比(2.5～5.0 $L \cdot m^{-3}$)。吸收效果好,尾气 SO_2 含量可降至 0.05%,我国采用泡沫塔代替国外的填料塔,吸收体积大大减小,节省基建投资、原料也容易获得,生产工艺比较成熟。

(2) 吸收液腐蚀性较小,对设备的结构材料要求也较容易解决。

(3) 液相中氧化反应进行较快。氧化塔鼓入空气量为理论量的两倍,呈微小的气泡状分散开,氧化时催化剂一般用 $MnSO_4$(1～2 g/L)。

(4) 中和采用的粉状石灰石 80% 的粒度小于 200 目筛,使溶液保持 25%～35% 的碱度,用碱度计指示。

(5) 副产品石膏纯度高、粒度细。据测定,粒度为 100～200 μm,石膏中 Al_2O_3 的含量为 0.04%,$CaCO_3$ 的含量小于 0.1%,完全可以制作轻质建筑材料。

2.1.2　吸附材料

20 世纪 70 年代,各国开始采用活性炭、活性煤、活性氧化铝、沸石、硅胶、氧化铜以及氧化镁、亚硫酸钠等干湿吸附方法处理含硫烟气。近年来,世界上又开发了离子交换树脂吸附二氧化硫。

活性炭材料,尤其是活性炭纤维,由于其本身具有分散性极好的微孔活性中心和巨大的比表面积,在氧气和水蒸气存在下,可将二氧化硫连续不断地吸附转换为硫酸。活性炭纤维脱除二氧化硫的能力除了与其比表面积和孔结构有关外,还与其表面的化学性质相关。在常规的活化剂如水蒸气、二氧化碳、氧气及它们的混合气体中制备的活性炭材料表面,除了碳元素之外,最多的就是氧元素。这些元素在表面上主要以含氧官能团的形式存在。当在惰性气体中高温热处理时,含氧官能团分解为碳氧化合物和水,由此导致碳表面酸碱性的变化,从而增加活性炭材料的表面活性。

离子交换树脂属于新型吸附材料。目前市场上已开发出一种高分子二氧化硫吸附剂,是以价廉易得的丙烯腈、苯乙烯为原料,经致孔交联、悬浮共聚,制成多孔径珠状树脂,再经过碳化处理,得到一种网络格架且强度坚硬的吸附材料。用这种材料处理含硫烟气,在常温下每 10 g 产品可以吸附 3~4 g 二氧化硫气体。

2.1.3 催化转化材料

稀土氧化物材料在烟气脱硫过程中显示出独特的吸收和催化性能。铈的氧化物是非常有应用前景的新型吸收剂。二氧化铈吸收剂在很宽的温度范围能和二氧化硫起反应。在适当的条件下再生时,二氧化铈吸收剂生成的废气可以经过化学处理转换为元素硫。作为新型潜在的吸收剂,二氧化铈可以同时脱除烟气中的二氧化硫和氮氧化物,其脱氮脱硫的效率都在90%以上。此外,稀土氧化物还可以用于化学催化反应,把二氧化硫还原成元素硫。由此从根本上控制二氧化硫所带来的污染,是一种可望实现工业化前景的方法。目前,稀土氧化物用于烟气脱硫还处于试验阶段,工业应用尚未见报道。

此外,人们结合生产实际,因地制宜,提出了许多以废治废,变废为宝的方法。例如,将低浓度的工业二氧化硫废气,作为生产硫酸锰的原料,用这种方法,不仅可以较好地解决二氧化硫废气对环境污染问题,还变废为宝。另外,在硫酸生产过程中,常排放出大量的二氧化硫气体。利用目前尚无直接应用价值的低品位硼做脱硫剂,既富集了硼矿,以贫治废,又为硫酸生产的废气治理开辟了新的途径。通过这种材料进行吸收脱硫,可以使硫酸生产排放空气中的二氧化硫浓度低于 500×10^{-6},达到了国家的排放要求。

2.2　氮氧化物及其治理修复材料

氮的氧化物种类很多,有氧化亚氮、一氧化氮、二氧化氮、三氧化二氮、四氧化二氮和五氧化二氮等,总称为氮氧化物 NO_x,其中 NO 和 NO_2 是重要的大气污染指标。

氮氧化物主要来自重油、汽油、煤炭、天然气等矿物燃料在高温条件下的燃烧。此外,生产硝酸的工厂和使用硝酸的氮肥厂、有机中间体生产厂、染料厂、金属冶炼厂等也排放一定数量的氮氧化物,汽车尾气也是大气中 NO_2 的主要来源。

NO_x 中 NO 和 NO_2 对人的危害最大。NO 是一种无色气体,可通过气管、肺进入血液中和红细胞反应把血红蛋白变成正铁血红蛋白而对血液产生毒害,同时也作用于中枢神经而产生麻痹作用,引起痉挛、运动失调。NO_2 是棕红色具有刺激性气味的剧毒性气体,它的毒性是 NO 的 4～5 倍,能侵入到肺脏深处及肺毛细管,引起肺水肿而致死或因持续性闭塞性支气管炎而致死。在低浓度下长期吸入,例如在 NO_2 体积分数 2.5×10^{-6} 吸入 3～5 g,也会造成慢性支气管炎。

在阳光照射下,NO_2 可与环境中碳氢化合物反应生成光化学烟雾,对人体可能有致癌作用。

NO_x 对植物的危害主要是抑制其光合作用,造成发育受阻,破坏其新陈代谢。

NO_x 进入大气后,如被水雾粒子吸收就会形成硝酸、硝酸盐、亚硝酸盐等酸性雨雾,产生严重的腐蚀作用。

大气中 NO_x 可通过下面两个反应发生转化:

(1) NO_x 的光化学反应。

NO_2 能吸收全部可见光与紫外范围的太阳光谱,在吸收波长低于 430 nm 的太阳光后会产生光化学反应。NO_2 光解的速度非常快,在较短的时期内就被太阳分解为 NO 和三重态 $^3O^*$ 原子,$^3O^*$ 立即同大气中的氧分子反应形成臭氧,又与 NO 反应生成 NO_2:

$$NO_2 + h\nu(290 \sim 430 \text{ nm}) \longrightarrow NO + {}^3O^* \text{(三重态)} \tag{2-9}$$

$$^3O^* + O_2 + M \longrightarrow O_2 + M \tag{2-10}$$

$$O_3 + NO \longrightarrow O_2 + NO_2 \tag{2-11}$$

式中 M 是空气中其他能量吸收分子,一般为 O_2 或 N_2。

(2) NO_x 的催化氧化反应。

大气中 NO_x 形成的气溶胶,常以 NH_4NO_3 颗粒或 NO_2 被某些颗粒物吸附的形式存在,它们可以经过均相反应和非均相反应的各种途径形成,既可在水滴中进行,也可能在非水溶液体系中进行。初期的氧化主要是形成 NO_x,最后形成硝酸盐,大气中的微粒及液滴均能促使其形成硝酸气溶胶,所以 NO_x 最终是降至地面或地面水系。

目前,对于工业废气中氮氧化物的处理主要包括催化还原法、液体吸收法和吸附法,与其对应的治理材料如表 2-3 所示。

表 2-3 氮氧化物的治理方法及特点

治理方法			方法特点
氧化还原法	1	非选择性催化还原法	用 CH_4、H_2、CO 及其他燃料做还原剂与 NO 进行还原反应,废气中的氧参与反应,放热量大
	2	选择性催化还原法	用 NH_3 做还原剂,将 NO_x 还原为 N_2,废气中的氧很少参加反应,放热量小
液体吸收法	3	水吸收法	吸收效率低,仅可用于气量小,净化要求不高的场合
	4	稀硝酸吸收法	可以回收,有一定的经济效益,但是能耗高
	5	碱溶液吸收法	对于含 NO 含量高的废气吸收效率低,运行成本高
	6	氧化吸收法	先将 NO 氧化成 NO_2,然后利用碱溶液吸收,费用较高
	7	吸收还原法	将 NO_x 吸收到溶液,然后利用还原剂还原为 N_2,净化效果好,但是净化成本高
	8	络合吸收法	利用络合剂吸收 NO,使 NO 富集进行吸收,适用于 NO 含量较多的环境,费用较高
吸附法	9	用丝光沸石、分子筛、泥煤风化煤等吸附废气中的 NO 将废气净化	

2.2.1 液体吸收材料

液体吸收法是用水或酸、碱、盐的水溶液来吸收废气中的氮氧化物,使废气得以净化的方法。按吸收剂的种类可分为水吸收法、酸吸收法、碱吸收法、氧化吸收法及液相络合法等。

碱性溶液和 NO_2 反应生成硝酸盐和亚硝酸盐,和 N_2O_3(NO+NO_2)反应生成亚硝酸盐。碱性溶液可以是钠、钾、镁、铵等离子的氢氧化物或弱酸盐溶液。关于水吸收、酸吸收以及氧化吸收和液相络合吸收材料及其原理如表2-3所示。

2.2.2　固体吸附材料

常用的氮氧化物吸附材料有分子筛和硅胶。

1) 分子筛

常用作吸附剂的分子筛有氢型丝光沸石、氢型皂沸石等。以氢型丝光沸石 $Na_2Al_2Si_{10}O_{24} \cdot 7H_2O$ 为例，该物质对 NO_x 有较高的吸附能力，在有氧条件下，能够将 NO 氧化为 NO_2 加以吸附。

利用分子筛作吸附剂来净化氮氧化物是吸附法中最有前途的一种方法，国外已有工业装置用于处理硝酸尾气，可将 NO_x 浓度由 $(1\,500 \sim 3\,000) \times 10^{-6}$ 降低到了 50×10^{-6}，回收的硝酸量可达工厂生产量的 2.5%。

2) 硅胶

以硅胶作为吸附剂先将 NO 氧化为 NO_2 再加以吸附，经过加热可解吸附。当 NO_2 的浓度高于 0.1%，NO 的浓度高于 1% ~ 1.5% 时，效果良好，但是如果气体含固体杂质时，就不宜用此方法，因为固体杂质会堵塞吸附剂空隙而使吸附剂失去作用。

2.2.3　催化还原材料

催化还原法分为选择性催化还原法(SCR)和选择性非催化还原法两类。

选择性非催化还原法是在一定温度和催化剂(一般为贵金属 Pt、Pd 等)作用下，废气中的 NO_2 和 NO 被还原剂(H_2、CO_2、CH_4 及其他低碳氢化合物等燃料气)还原为 N_2，同时还原剂还与废气中 O_2 作用生成 H_2O 和 CO_2。反应过程放出大量热能。该法燃料耗量大，需贵金属作催化剂，还需设置热回收装置，投资大，国内未见使用，国外也逐渐被淘汰，多改用选择性催化还原法。

该法用 NH_3 做还原剂，加入氨至烟气中，NO_x 在 300 ~ 400℃ 的催化剂层中分解为 N_2 和 H_2O。因没有副产物，并且装置结构简单，所以该法适用于处理大气量的烟气。以氨作为还原剂的脱氮反应可表示如下：

$$4NO + 4NH_4 + O_2 \longrightarrow 4N_2 + 6H_2O \qquad (2-12)$$

运行中，通常取 NH_3/NO_x(摩尔比)为 0.81 ~ 0.82，NO_x 的去除率约为

80％。该方法可用于直接从锅炉引入烟气的情况（高烟尘法），也可用于引入预先除去烟尘烟气的情况（低烟尘法）。高烟尘法的缺点为：① 催化剂因烟尘而磨耗；② 氨黏附于飞灰上。前者表示进气口附近的催化剂会产生表面硬化而磨损，这可通过控制进气速度小于 5 m/s 而加以防止；后者可通过维持氨的泄漏浓度在 5×10^{-6} 以下而得到控制。高烟尘法不产生颗粒物黏附到催化剂上去的问题，因此硫酸铵和大部分挥发凝缩成分是沉积在尘上的，它们会随烟尘一起通过催化剂层和空气加热器进入集尘器除去。低烟尘法的缺点为：① 烟尘黏附于催化剂上；② 尘积于空气加热器；③ 静电集尘器。通过了高温静电集尘器的细灰（50～100 mg/m³）容易黏附于催化剂表面，因此相对较多的挥发凝缩物黏附在细灰上。所以，这种细灰必须用吹灰器或其他办法除去。

此外，由于硫酸铵易沉积于空气加热器中，因此必须控制氨的泄漏；再者高温静电集尘器由于处理气体体积增加而大型化，导致价格上升。在脱氮装置中催化剂大多采用多孔结构的钛系氧化物，烟气流过催化剂表面，由于扩散作用进入催化剂的细孔中，使 NO_x 的分解反应得以进行。催化剂有许多种形状，如粒状、板状和格状，而主要采用板状或格状以防止烟尘堵塞。

2.3 含氟废气及治理修复材料

进入大气的氟与氟化氢主要是由于火山气体及含氟岩石风化释放造成的，在炼铝、炼钢厂，水泥、玻璃、搪瓷制造，磷肥和氟塑料生产厂等工业部门的废气中含有 HF、SiF_4 等含氟气体。据统计，生产 1 t 普钙排出废气 250～300 m³，其中含氟浓度 15～25 g/m³，其中主要是 SiF_4 气体，其次是雾状氟硅酸。在磷肥生产中所用磷矿石中含氟量的 30％～40％变成气态逸出。在烧制砖瓦、陶器时亦有 HF、SiF_4 逸出，其逸出量约为黏土含氟量 30％～90％，一般都排入大气。煤燃烧时，其中的氟约有 78％～100％排放出来，所以大量耗煤的工业部门也成为氟污染源，在以冰晶石为原料的电解铝生产中，每生产 1 t 铝将排出氟尘 6～8 kg，氟化物 17～23 kg，其中大部分为 HF 和 SiF_4。

含氟废气中的氟是以 HF、SiF_4 及 H_2SiF_6（氟硅酸）等形式存在，以 HF 最为普遍，且危害最大。

氟可以和人体内的钙、镁等离子结合，使骨细胞能量供应不足，造成骨细胞营养不良,并使骨中钙代谢紊乱、钙吸收和积蓄过程减缓,甚至可从骨组织游离出来,重者骨质疏松、增殖或变形并易于发生自发性骨折,即所谓氟骨症。此外,氟对造血系统(贫血)、泌尿系统、神经系统(包括肌无力、感觉异常、肢体疼痛等)、心血管系统(可促成动脉或冠状动脉硬化和心肌炎)、皮肤(发痒、疼痛、湿疹及各种皮炎)等有影响。

对于工业中的含氟废气,主要采用的是液体吸收的方法。常见的有吸收材料有碱类物质和水。

1) 碱吸收

碱吸收法是采用碱性物质 $NaOH$、Na_2CO_3、氨水等作为吸收剂来脱除含氟尾气中的氟等有害物质,并得到副产物冰晶石。最常用的碱性物质是 Na_2CO_3,也可以采用石灰乳作吸收剂,两者的使用有所区别。

石灰乳吸收净化原理是用石灰乳作为吸收剂净化含氟废气生成 CaF_2 等废渣,可采用抛弃法,也可以经过滤、干燥后送去做橡胶或塑料的填料,反应式为

$$3SiF_4 + 2H_2O = 2H_2SiF_6 + SiO_2 \downarrow \tag{2-13}$$

$$H_2SiF_6 + 3Ca(OH)_2 = 3CaF_2 \downarrow + SiO_2 \downarrow + 4H_2O \tag{2-14}$$

$$2HF + Ca(OH)_2 = 3CaF_2 \downarrow + 4H_2O \tag{2-15}$$

碱吸收适用于排气量较小、废气中含氟量低,回收氟有困难的企业,如搪瓷厂、玻璃马赛克厂、水泥厂等。

2) 水吸收

水吸收法就是用水作为吸收剂来洗涤含氟废气,副产氟硅酸,继而生产氟硅酸钠,回收氟资源。水易得,比较经济,但对设备有腐蚀作用。就目前来看,水吸收法净化含氟废气主要应用于磷肥生产中。

由于 SiF_4 和 HF 都极易溶于水,HF 溶解于水生成氢氟酸,SiF_4 溶于水生成氟硅酸(H_2SiF_6)和硅胶(SiO_2)。SiF_4 与 HF 反应生成 H_2SiF_6,反应式如下。

$$3SiF_4 + 2H_2O = 2H_2SiF_6 + SiO_2 \downarrow \tag{2-16}$$

$$2HF + SiF_4 = H_2SiF_6 \tag{2-17}$$

2.4 有机废气治理修复材料

有机废气主要来源于石油和化工行业生产过程中排放的废气,特点是数量较大,有机物含量波动性大、可燃、有一定毒性,有的还有恶臭,其中氯氟烃的排放还会引起臭氧层的破坏。石油和化工工厂及石化产品的存储设施,印刷及其他与石油和化工有关的行业,使用石油、石油化工产品的场合和燃烧设备,以石油产品为燃料的各种交通工具都是有机废气的源头。

有机废气对人体的危害是多方面的,不同行业有机物废气的毒性也是各不相同的,其中工业废气中 10 种常见的有机废气对人体的危害主要表现为:苯类有机物多损害人的中枢神经,造成神经系统障碍,当苯蒸气浓度过高时(空气中含量达 2%),可以引起致死性的急性中毒。多环芳烃有机物有强烈的致癌性。苯酸类有机物能使细胞蛋白质发生变形或凝固,致使全身中毒。发生腈类有机物中毒时,可引起呼吸困难、严重窒息、意识丧失直至死亡。有机物硝基苯影响神经系统、血象和肝、脾器官功能,皮肤大面积吸收可以致人死亡。芳香胺类有机物致癌,二苯胺、联苯胺等进入人体可以造成人体缺氧。有机氮化合物可致癌。有机磷化合物可降低血液中胆碱酯酶的活性,使神经系统发生功能障碍。有机硫化合物中,低浓度硫醇可引起人体不适,高浓度可致人死亡。含氧有机化合物中,吸入高浓度环氧乙烷可致人死亡;丙烯醛对黏膜有强烈的刺激;戊醇可以引起头痛、呕吐、腹泻等。

与治理前 3 种工业有机废气一样,工业有机废气的治理经历了多年的发展,逐渐发展了一批相对成熟的治理修复材料。

2.4.1 吸收材料

化工生产中常用液体石油类物质回收苯乙烯,就是利用苯乙烯有微弱极性,能与液体石油类物质相似相溶,在治理苯乙烯废气中也一样。通常,为强化吸收效果用液体石油类物质、表面活性剂和水组成的混合液作为吸收液。近年来,日本人研究利用了用环糊精作为有机卤化物的吸收材料,根据环糊精对有机卤化物亲和性极强的原理,将环糊精的水溶液作为吸收剂对有机卤化物气体进行吸收。这种吸收剂具有无毒不污染,捕集后解吸率高,回收节省能源,可反复使用的优点。

2.4.2　吸附材料

吸附法在治理工业有机废气污染方面也是常用的方法之一。该法主要是利用吸附体具有密集的细孔结构,内表面积大,对有机废气具有特殊的吸附性能,达到净化废气的目的。作为吸附体材料应具有吸附性能好,化学性质稳定,耐酸碱、耐水、耐高温高压不易破碎和对空气阻力小等特性。常用的吸附体有活性炭、活性氧化铝、硅胶、人工沸石等。

吸附体吸附有机废气的效果除与吸附体本身性质有关外还与废气种类、性质、浓度以及吸附系统的温度、压力有关。一般来说吸附体对废气的吸附能力随气体分子量的增加而增加。目前,在废气治理工程实践中活性炭作为吸附体被广泛地应用,其去除效率高。废气中有机物浓度在 $1\ 000\ \mathrm{mg/m^3}$ 以上,吸附率可达 95% 以上。活性炭可制成颗粒状、蜂窝状、纤维状等形态。一般颗粒状活性炭因其气孔结构均匀,被处理气体从外向内扩散,通过距离较长,吸附脱附都较慢,具有较好的吸附效果。此外,试验表明,经过氢氧化钠溶液或臭氧气体处理过的活性炭具有更强的吸附能力,对各种有机气体的吸附有效传质系数比未处理过的活性炭更大。近年来,一些新型廉价吸附体也逐渐出现,如用炉灰渣制成的吸附体也具有较好的吸附性能。

2.4.3　催化剂材料

催化燃烧法是目前应用比较广泛也是研究较多的有机废气治理方法。有机化合物在催化燃烧过程中发生一系列的分解、聚合及自由基反应,通过氧化和热裂解、热分解,最终产物是水、二氧化碳等无毒无害物质。在燃烧设备中,有机废气先被预热后,通过催化床层的作用,在较低的温度下和较短的时间内完成化学反应过程。催化剂在催化燃烧系统中起着重要作用,用于有机废气净化的催化剂主要是金属和金属盐,金属包括贵金属和非贵金属。目前使用的金属催化剂主要是 Pt、Pd,技术成熟而且催化活性高,但价格比较昂贵而且在处理卤素有机物,含 N、S、P 等元素时,有机物易发生氧化等作用使催化剂失活;非金属催化剂有过渡族元素钴、稀土等。近年来我国对催化剂的研制进行得较多,而且多集中于非金属催化剂并取得一些成果。实践中如:V_2O_5+

MO_x（M：过渡族金属）＋贵金属制成的催化剂用于治理甲硫醇废气；$Pt+$
$Pd+CuO$ 催化剂用于治理含氮有机醇废气。

由于有机废气中常混有其他杂质气体，很容易引起催化剂中毒。易导致催化剂中毒的毒物（抑制剂）主要有磷、铅、砷、锡、亚铁离子、卤素等。催化剂需置于载体之上，使它具有一定的机械强度，并增大有效面积和减少烧结，提高催化活性和稳定性。通常作为催化剂的载体材料有 Al_2O_3、铁矾、石棉、陶土、活性炭、金属等，最常用的是陶瓷载体，一般制成网状、球状、柱状、蜂窝状。

2.5 温室气体及其治理修复材料

大气中主要的温室气体是水汽（H_2O）、二氧化碳（CO_2）、氧化亚氮（N_2O）、甲烷（CH_4）和臭氧（O_3）、六氟化硫（SF_6）、氯氟碳化物（CFCs）、氢氟碳化物（HFC）和全氟碳化物（PFC）。水汽所产生的温室效应大约占整体温室效应的 $60\%\sim70\%$，但是对于地球来说，大气中的水汽总量基本保持不变，而且占地表面积 70% 的海洋是一个巨大的水汽自然源，故认为人类活动对大气中水汽浓度的影响比较小，对温室效应的增强作用可以忽略。

"温室效应"的影响有利有弊，首先它是地球上生命赖以生存的必要条件。如果地球表面直接反射太阳的短波辐射，则这种能量将会很快穿过大气层回到宇宙空间去，那么地球平均气温会下降 $33℃$。温室效应的存在，使地球保持着相对稳定、温暖舒适的气温环境，从而使生命世界繁衍生息。但人口激增、人类活动频繁，矿物燃料用量的猛增，加之森林植被的破坏，使得大气中的 CO_2 和各种温室气体含量不断增加，造成了温室效应增强，全球温度上升，继而使温室效应成为当代重要环境问题之一。目前，能源领域产生并直接排放的大量二氧化碳是导致该现象的主要原因。因此从环境保护和节约能源的角度出发，非常有必要在全世界范围内对排放的 CO_2 进行回收和利用。二氧化碳的富集技术，除植物的光合作用外，现有的成熟技术主要有吸收法和吸附法两类。

2.5.1 吸收材料

工业上采用的 CO_2 气体吸收法，可分为物理吸收法和化学吸收法。

1）物理吸收法

物理吸收法全部采用有机化合物做吸收溶剂，吸收 CO_2 过程为物理吸收过程，常用的吸收溶剂主要有：环丁砜、聚乙二醇二甲醚、碳酸丙烯酯、N-甲基吡咯烷酮、磷酸三丁酯。

2）化学吸收法

化学吸收法以弱碱性溶液为吸收剂，与 CO_2 气体发生反应形成化合物。当吸收了 CO_2 的富液温度升高、压力降低时，该化合物即分解重新放出 CO_2。化学吸收法又分为：热碱法，醇胺法。化学法的优点是适于低压操作处理后气体可达较高净化度，其缺点溶液再生耗热多、易产生降解产物且溶液损失较大。

（1）热钾碱法。

应用 K_2CO_3 水溶液做 CO_2 的吸收剂始于 1904 年，直到 20 世纪 50 年代才出现了利用高温从水溶液中脱除 CO_2 的经济方法，即热钾碱法。但高温下 K_2CO_3 溶液对碳钢有较为严重的腐蚀。为了解决溶液腐蚀和提高净化度，20 世纪 50 年代末、60 年代初利用活化剂和缓蚀剂应用于工业生产，取得了良好的效果，使该法得到迅速发展。活化热钾减法的添加剂有无机物活化剂和有机物活化剂两大类。

无机物活化剂使用最早和最广泛的是三氧化二砷（As_2O_3）。采用 As_2O_3 作活化剂的热碳酸钾法称为砷碱法（或称 G - V 法）。砷碱法的优点在于可通过控制活化剂用量及操作条件，实现对不同成分、不同含量、不同温度气体源的吸收，且气体中的 CS_2、硫醇、H_2S 以及氧等对吸收均无影响。此法的致命缺点在于活化剂三氧化二砷有剧毒，严重危害人体健康并造成环境污染，因而此法逐渐被有机活化剂代替。

有机物活化剂通常采用二乙醇胺、五氧化二钒和硼酸盐等作为活化剂和缓蚀剂。如工业应用较为广泛的本菲尔德（Benfield）和卡特卡德（Catacard）两种脱二氧化碳方法，就是在约 30％的碳酸钾水溶液中添加约 3.0％二乙醇胺（DEA）作为活化剂，添加五氧化二钒（V_2O_5）作为缓蚀剂组成的吸收剂。不同的是卡特卡德溶液中还添加约 6 g/L 的硼酸盐做第三活化剂。其特点是溶液吸收能力大，净化度高，净化后 CO_2 含量可降至 0.1％以下；溶液对碳钢基本不腐蚀，设备可用碳钢制作。目前全球大中型氨厂中 CO_2 的脱除工艺绝大多数采用这两种活化热钾碱液做吸收剂。

（2）胺吸收法。

① 乙醇胺（MEA）法对 CO_2 的吸收有良好效果，其与 CO_2 反应后生成碳酸盐化合物，通过加热可使分解出 CO_2。其优点是通过简单的装置即可将合成气中 CO_2 脱除到 0.1% 左右，此法主要缺点在于再生热耗较高，腐蚀严重。

② 乙醇胺（DEA）可在较高的温度下对 CO_2 进行吸收，还可净化含有机硫化物的气体，当气体中存在重质烃类时，较高的吸收温度可避免烃类和泡沫的凝聚。用 DEA 溶液净化 CO_2 时，其净化度效果小于用 MEA 溶液的净化效果，且 DEA 溶液的吸收能力比 MEA 低，但 DEA 不易与 CS_2 等发生降解，因此适应于处理含硫较高的气体。

2.5.2　吸附材料

吸附法脱除二氧化碳是基于二氧化碳在吸附剂表面吸附或与吸附剂反应的原理脱除。目前主要的吸附剂有活性炭、沸石分子筛和碳分子筛。吸附分离用于气体净化有许多优点：① 由于吸附剂大的比表面积能脱除低浓度或微量的杂质，达到很高的净化度；② 吸附剂的吸附容量受压力的影响较小；③ 种类众多的吸附剂或经改性的吸附剂有很高的选择吸附性能；④ 脱碳脱水可同时完成；⑤ 吸附剂可再生重复使用。

变压吸附具有投资小、能耗低、工艺流程简单、产品纯度高、无二次污染等优点，适合于处理气量相对较小的场合，例如处理沼气、城市垃圾焚烧气和矿井废气。

2.5.3　膜分离材料

气体膜分离是借助气体各组分在膜中渗透速率的不同而得以实现，渗透推动力是膜两侧的气体分压差。分离气流中的 CO_2 一般都使用有机膜，如醋酸纤维素膜、聚砜膜、聚醚砜膜、聚酰胺膜等，这些膜适用于从天然气和石油开采中去除 CO_2。以色列已实现中空纤维碳膜组件的商品化，适用于从空气中或沼气中回收 CO_2，其从空气中回收 CO_2 的选择性为聚合物膜的 2 倍。膜分离技术具有工艺简单、操作弹性大、投资费用低等优点。主要缺点是膜的使用寿命短和在酸气脱除中烃的损失大。

此外,还有冷冻法,转化法等实现 CO_2 分离。冷冻法是通过降温使 CO_2 液化或固化实现分离;转化法是通过某种适当的化学反应使 CO_2 转化为其他化合物以达到脱除的目的,如甲烷化(催化加氢转化为甲烷)等。

2.6　室内空气污染及其治理修复材料

室内空气质量对人类身体健康的影响日益成为全世界普遍关心的问题。室内空气污染可以理解为由于人类活动或自然过程引起某些物质进入室内空气环境,从而造成的危害人体健康或污染室内环境等。室内空气污染的影响主要表现在危害人体健康、加重人的心理压力。

室内空气污染根据污染物的类型可分为物理性污染、化学性污染和生物性污染。物理性污染是指因物理因素,如电磁辐射、噪声、振动,以及不合适的温度、湿度、风速和照明等引起的污染;化学性污染是指因化学物质,如甲醛、苯系物、氨气、氡及其子体和悬浮颗粒物等引起的污染;生物性污染是指因生物污染因子,主要包括细菌、真菌、花粉、病毒、生物体有机成分等引起的污染。由于室内空气污染主要是人为污染,故以化学性污染最为严重。

室内空气污染物按其存在状态可分为悬浮颗粒物和气态污染物两大类。前者是指悬浮在空气中的固体粒子和液体粒子,包括无机和有机颗粒物、微生物及生物溶胶等;后者是以分子状态存在的污染物,包括无机化合物、有机化合物和放射溶胶等。几种典型的室内空气污染物主要有颗粒物(包括总悬浮颗粒物、可吸入颗粒物和细微颗粒物)、CO_2、CO、甲醛、挥发性有机化合物(VOCs)、氨、氡、苯和苯系物(主要包括苯、甲苯、二甲苯)等。

室内空气污染物主要来源于室内装修材料和建筑材料、室内用品、人类活动、人体自身的新陈代谢、生物性污染源和室外来源等。

为保证室内空气质量、保护人们的身体健康,空气净化技术被广泛用于控制和消除空气中的污染物。目前,室内空气净化技术主要有吸附净化、静电过滤技术、臭氧净化技术、空气负离子技术、生物净化、植物净化和光催化氧化等。

2.6.1　吸附净化技术

吸附法主要是利用多孔性物质(如活性炭、Al_2O_3、硅胶和分子筛等吸附剂)的吸附性能,对有害及恶臭气体进行吸附脱除,是净化室内空气的主要方法,其中活性炭是最常用的吸附剂。活性炭是具有发达的空隙结构、比表面积大和吸附能力的炭,每克活性炭的总面积可达 1 500 ㎡ 以上。活性炭颗粒的比表面积越大,其吸附效果越佳。颗粒状的活性炭的吸附能力强,因颗粒不易流动、更换方便,因此使用范围更广。活性炭对空气污染物的吸附前是扩散过程,对有害气体的吸附速率慢,且达到饱和吸附后必须再生才可恢复吸附能力。

利用活性炭的吸附作用来净化空气的方法简单,但吸附剂需定期更换。由于甲醛等物质被吸附后其化学性质未发生改变,没有达到降解和完全矿化的目的,在适当的条件下可重新释放造成二次污染。活性炭吸附法与光催化技术联用的方法,可使甲醛降解率可达 98.5%,活性炭的吸附作用为光催化反应提供高浓度环境,加速了反应速率。

吸附净化技术具有净化效率高、设备简单、操作方便等优点,适应于室内空气中挥发性有机物、氨、硫化氢、二氧化硫、氮氧化物和氡气等气体状态污染物的净化。受吸附剂容量的限制,适宜在比较洁净的环境中清除浓度较低的有害物质。

2.6.2　静电过滤技术

静电过滤技术主要是利用高压静电场形成电晕,电晕区里的自由电子和离子这些带电粒子在运动中不断地碰撞和吸附到尘埃颗粒上,从而使尘埃带电,带电荷的尘埃微粒在电场力作用下发生沉积,如此作用便可除去空气中的颗粒物和尘埃,从而达到洁净空气的目的。

静电技术可进行持续动态的净化消毒,并具有高效的除尘作用,除尘效率在 90% 以上。由于空气中的细菌大多数附着在尘埃颗粒上,故静电技术在除尘的同时还具有除菌的作用。应用于空调及部分室内空气净化装置的经典过滤技术大多数是静电过滤技术。这种技术的缺点是不能有效除去室内空气中挥发性有机物等有害气体,并且该技术使用时会伴有臭氧的产生,而过高的臭氧浓度会损害人体健康。

2.6.3　臭氧净化技术

臭氧净化技术是通过高频电晕放电产生的大量等离子体与气体分子碰撞

发生一系列物化反应,并将气体激活产生多种活性自由基和臭氧。由于臭氧为轻微离子结合体,结合状态极不稳定,作为强氧化剂可在较低的浓度下瞬间完成氧化反应,因而对有毒有害物质、细菌、病毒等产生催化、氧化和分解作用;此外,臭氧可将有机物分解为二氧化碳和水,因而可用于有机污染物的净化消毒。

臭氧对甲醛、一氧化碳的分解机理如下:

甲醛　　　　　　　　$3HCHO + 2O_3 \longrightarrow H_2O + 3CO_2$　　　　　　(2-18)

一氧化碳　　　　　　$CO + O_3 \longrightarrow CO_2 + O_2$　　　　　　(2-19)

低浓度臭氧($0.050 \sim 0.075 \ \text{mg/m}^3$)可净化室内空气甲醛污染,净化率为42%。臭氧的缺点在于它是一种具有刺激性和强氧化性的气体,即使浓度很低时也会刺激眼、鼻、口的黏膜,高浓度时则会损伤器官及肺部。人体对臭氧浓度的感觉临界值为在 0.02×10^{-6},嗅觉临界值为 0.15×10^{-6},刺激范围为 $1 \sim 10 \times 10^{-6}$,10×10^{-6} 为中毒极限。在规定的标准范围内臭氧可应用于医院、公共场所、家庭、特殊场所(如专用船舱等)以及食品消毒柜的灭菌消毒。

2.6.4　空气负离子技术

负离子能改善大脑皮层的功能、振奋精神、消除疲劳、改善睡眠,对人体的心血管系统、呼吸系统、代谢系统等均有一定的益处。负离子借助凝结和吸附作用,吸附在固相或液相污染物微粒上,从而与之形成大离子沉降下来,起到降低空气污染物浓度、净化空气的作用;负离子能使细菌蛋白质表层的电性两极颠倒,促使细菌死亡,从而达到消毒与灭菌的目的。空气负离子的发生技术主要有:电晕放电、水发生和放射发生。

负离子作用于室内空气 2 小时以上,可使室内空气中的悬浮微粒、细菌总数和甲醛等的浓度明显降低。该技术能较为有效地除去空气中的细菌及尘埃,但是可促进尘埃在墙纸和玻璃等处的吸附,不能使其有效富集及清除出室内。

2.6.5　低温等离子体技术

低温等离子体技术是利用气体放电产生的具有高度反应活性的电子、原子、分子和自由基与各种有机、无机污染物分子反应,从而使污染物分解为小分子化合物的一种技术。

低温等离子体净化空气的过程存在化学效应、生物效应和物理效应。化学效应是指等离子体内包含的大量高能、活性极强的自由基与有害气体分子发生化学反应使之变为无害产物;生物效应是指其作用在细菌、病毒等微生物表面破坏微生物细胞,从而起到灭菌的作用;物理效应是大量电子、正负离子与空气的颗粒污染物发生非弹性碰撞,使之成为荷电离子,在电场力的作用下被集尘器收集。因此,将之应用于室内空气净化,不但可分解气态污染物,还可从气流中分离出微粒。

近年来,等离子体的研究重点转向等离子体与各类催化剂的协同净化效应的研究。催化剂对于许多难降解物质的降解率相对较低,但其氧化效果比较彻底,可将等离子反应中的许多中间副产物氧化降解成 CO_2,从而有效解决中间副产物的问题。

2.6.6 生物净化技术

生物净化技术方法包括生物过滤法、生物洗涤法、生物吸收法等。作为一项新兴技术,主要是在过滤器中的多孔填料表面覆盖生物膜,污染物与膜内的微生物相接触发生生物化学反应,使其完全降解为 CO_2 和 H_2O。

2.6.7 植物净化技术

植物净化原理为通过植物叶片背面的微孔道将室内污染物吸入到植物体内,通过植物根部共生的微生物自动分解污染物,而分解产物则被根部吸收。如芦荟在 24 小时照明的条件下可以消灭 $1 m^3$ 空气中 90% 的甲醛;常青藤、沼兰可以利用自身的酶分解苯和三氯乙烯等;君子兰、虎尾兰对室内甲醛、二甲苯、TVOC 都有一定的吸收。

2.6.8 热破坏法

针对浓度低的有机废气,可通过高温使其高温氧化、热裂解、热分解。热破坏法包括直接火焰焚烧和催化燃烧。直接火焰焚烧是指有机废气在气流中直接燃烧或辅助燃料燃烧的方法,有机废气在适当的温度和保留时间,可达到

99％的热处理效率；催化燃烧是有机废气在气流中被加热，在催化床层的作用下加快化学反应速率，催化剂的存在可使有机物的破坏比直接焚烧需要更少的保留时间和更低的温度。

2.6.9　光催化氧化

光催化氧化技术是采用光催化材料，直接利用包括太阳能在内各种来源的紫外光，在常温下对各种有机和无机污染物进行分解或氧化，使其分解成为 CO_2 和 H_2O，从而达到净化空气的目的。在众多的光催化剂中，TiO_2 以其化学稳定性好、无毒、价廉、易得等特点，被誉为理想的环境治理光催化剂。

通过吸附剂将有害气体吸附在光催化剂表面进行催化反应，可使有害气体在较短的时间内扩散到催化剂表面，并使表面气体浓度增大、加快反应速率、强化脱除效果。

光催化氧化和等离子体技术复合，采用大量高能电子轰击产生的 O^-（或 O^{2-}）和 OH^- 等活性粒子，利用等离子体和光催化之间的协同作用，可以显著提高催化剂的反应活性，使有机物分子分解为 CO_2 和 H_2O。

参考文献

［1］赵大传，陶颖，杨厚苓. 工业环境学［M］. 北京：中国环境科学出版社，2004.

［2］王天民. 生态环境材料［M］. 天津：天津大学出版社，2000.

［3］闫书春. SO_2 对环境的危害和治理方法［J］. 煤矿环境保护，1992，7（3）：32 - 35.

［4］熊云威. 我国 SO_2 污染危害及其治理技术的进展［J］. 矿业安全与环保，2006，27（增刊）：37 - 39.

［5］黄亚梅，张颂平，高霞，等. 氮氧化物来源及其治理［J］. 河南教育学院学报，2004，13（2）：46 - 47.

［6］贾毅峰，兰雯. 浅谈氮氧化物的污染与治理技术［J］. 广西轻工业，2007，106（9）：98 - 99.

［7］孙德荣，吴星五. 我国氮氧化物烟气治理技术现状及发展趋势［J］. 云南环境科学，2003，22（3）：47 - 49.

［8］陈秋则，吕保龄. 含氟废气的治理［J］. 玻璃与搪瓷，1985，13（4）：44 - 47.

［9］张旭东. 工业有机废气污染治理技术及其进展探讨［J］. 环境研究与监测，2005，18（1）：24 - 26.

［10］李滨丹，吴宁. 探讨汽车尾气污染危害与对策［J］. 环境科学与管理，2009，34（7）：

174-177.

[11] 邵文燕. 汽车尾气污染及治理技术[J]. 科技情报开发与经济,2009,19(16): 167-168.

[12] 付文丽,程博闻,康卫民,等. 汽车尾气净化催化剂研究现状及发展前景[J]. 杭州化工, 2008,38(3): 5-9.

[13] 吴兑. 温室气体与温室效应[M]. 北京:气象出版社,2003.157-163.

[14] 马忠海. 中国几种主要温室气体排放系数的比较评价研究[D]. 北京:中国原子能科学研究院,2002.

[15] 刘圣春. CFCs、HCFCs 性能及其替代物的研究[D]. 天津:天津大学,2002.

[16] 张阿玲. 温室气体 CO_2 的控制和回收利用[M]. 北京:中国环境科学出版社,1996. 63-118.

[17] 丁治平.《京都议定书》下温室气体减排机制研究[D]. 上海:华东政法大学,2008.

[18] 齐玉春,董云社,等. 中国能源领域温室气体排放现状及减排对策研究[J]. 地理科学, 2004,24(5): 528-534.

[19] 胡秀莲. 中国温室气体减排技术选择及对策评价[M]. 北京:气象出版,2001.21-46.

[20] 王华,李孔斋,魏永刚,等. 二氧化碳温室气体减排技术研究进展[C].2008 年(第十届)中国科协年会,2008.

[21] 王华,李孔斋,魏永刚,等. 二氧化碳减排技术研究[J]. 科学,2009,61(2): 18-22.

[22] 王华,何方,胡建杭,等. 一种温室气体减排技术[J]. 昆明理工大学学报(理工版), 2004,29(4): 43-49.

[23] 刘秀伍. 有序介孔材料吸附功能研究[D]. 天津:天津大学,2005.

[24] 郎剑峤. 二氧化碳吸收与电化学检测研究[D]. 沈阳:沈阳师范大学,2007.

[25] 李喜. 甲烷/二氧化碳吸附剂研究[D]. 天津:天津大学,2005.

[26] 姜伟. 控制温室气体排放与国际贸易发展[D]. 北京:对外经济贸易大学,2007.

[27] 李京. 中国减少温室气体排放的策略研究[D]. 北京:北京工业大学,2001.

[28] 朱天乐. 室内空气污染控制[M]. 北京:化学工业出版社,2003.

[29] 刘宗耀. TiO_2 光催化法去除室内空气中 VOCs 污染物的研究. [D]湖南:湖南大学,2007.

[30] 黄钊,邓启红,蔡慧煊,等. 低温等离子体治理室内空气污染的原理及应用[C]. 全国暖通空调制冷学术年会,2006.

[31] 唐恩凌,张静. 治理室内空气污染的低温等离子体技术[J]. 节能与环保,2009: 32-36.

[32] 宁晓宇,陈红,耿静,等. 低温等离子体-催化协同空气净化技术研究进展[J]. 科技导报,2009,27(6): 97-101.

[33] 李丽,朱琨. 室内空气污染现状及防治措施[J]. 内蒙古环境科学,2008,20.

[34] 齐虹. 光催化氧化技术讲解室内甲醛气体的研究[D]. 黑龙江:哈尔滨工业大学,2007.

第3章 噪声污染控制材料

3.1 环境噪声污染及其来源

社会的进步和城市化的发展,已使得噪声成为除废水、废气以及固体废弃物对环境造成污染外的第四大污染源。从生物学的观点看,凡是人们不需要的、令人烦躁的声音都是噪声。从物理学的观点看,噪声是指声强和频率杂乱无章、没有规律的声音。在环境领域,噪声指不同频率和不同强度的声音无规律的组合在一起。

我国早在 1982 年就制定了"城市区域环境噪声标准",标准号为 GB 3096 - 82,规定了城市各类区域环境噪声的标准值,详如表 3 - 1 所示。

表 3 - 1　我国城市各类区域环境噪声标准(GB 3096 - 82)

适用区域	昼间/dB	夜间/dB	注　释
特殊住宅区	45	35	特别需要安静的住宅区
居民、文教区	50	40	纯居民区、文教和机关区
一类混合区	55	45	一般商业与居民混合区
二类混合区、商业中心	60	50	工业、商业、少量交通与居民混合区以及商业集中繁华地区
工业集中区	65	55	规划确定的工业区
交通干线道两侧	70	55	车流量大于 100 辆/小时的道路两侧

环境噪声的主要来源包括:

(1)交通噪声:包括机动车辆、船舶、地铁、火车、飞机等发出的噪声。由于机动车辆数目的迅速增加,使得交通噪声成为城市的主要噪声来源。

（2）工业噪声：工厂的各种设备产生的噪声。工业噪声的声级一般较高，对工人及周围居民带来较大的影响。

（3）建筑噪声：主要来源于建筑机械发出的噪声。建筑噪声的特点是强度较大，且多发生在人口密集地区，因此严重影响居民的休息与生活。

（4）社会噪声：包括人们的社会活动和家用电器、音响设备发出的噪声。这些设备的噪声级虽然不高，但由于和人们的日常生活联系密切，使人们在休息时得不到安静，尤为让人烦恼，极易引起邻里纠纷。

噪声污染对人、动物、仪器仪表以及建筑物均会构成危害，其危害程度主要取决于噪声的频率、强度及暴露时间。噪声的影响和危害主要有：影响听力、干扰睡眠、影响心血管功能和内分泌系统、危害中枢神经系统及影响儿童的智力发展。本章以工业噪声和交通噪声为主介绍噪声控制材料在这两个领域的应用。

3.2　工业噪声防护材料

噪声污染的有效防止，除控制技术外，材料的选用也是重要的一环。常用的工业噪声防护材料主要包括多孔吸声材料、隔声材料、阻尼降噪材料等。

3.2.1　吸声材料

把声能转换为热能的材料称之为吸声材料，按吸声机理可分为多孔吸声材料和共振吸声结构材料两大类。多孔吸声材料具有高频吸声系数大、密度小等优点，但低频吸声系数低。共振吸声结构材料的低频吸声系数高，但加工性能差。随着一些新型多孔泡沫材料的研究成功，其低频吸声性能已得到很大提高，加之其取材范围广，加工制造工艺相对简单等优点，多孔吸声材料成为目前应用最广泛的吸声材料。

3.2.1.1　吸声原理

多孔吸声材料，如玻璃棉、岩棉、矿棉、植物纤维喷涂等，内部有大量微小的连通孔隙，声波沿着这些孔隙深入材料内部，与材料发生摩擦作用从而将声能转化为热能。多孔吸声材料的吸声特性是随着频率的增高吸声系数逐渐增大，因此，这种材料对低频噪声的吸收效果较高频吸收效果差。

多孔材料吸声的必要条件是：材料有大量空隙，空隙之间互相连通，孔隙深入材料内部。故表面粗糙的材料不具备吸声性能，材料内部具有大量闭孔的材料同样不具备吸声性能，如聚苯、聚乙烯、闭孔聚氨酯等。而与墙面或天花板之间存在空气层的穿孔板，虽然本身吸声性能很差，但这种结构具有良好的吸声性能，如穿孔的石膏板、木板、金属板等，这类吸声被称为亥姆霍茨共振吸声，其特点是只有在共振频率上具有较大的吸声系数。

3.2.1.2 吸声材料的吸声性能及影响因素

吸声是声波撞击到材料表面后能量损失的现象，通常用吸声系数 α 描述材料的吸声指标，其值为被材料吸收的声能与入射声能之比：

$$\alpha = E_\tau / E_i = (E_i - E_r) / E_i \qquad (3-1)$$

式中：E_i 表示入射声能，E_τ 表示吸收声能，E_r 表示反射声能。

理论上，如果某种材料完全反射声音，那么它的 $\alpha = 0$；如果某种材料将入射声能全部吸收，那么它的 $\alpha = 1$。其值越高，吸声性能越好。实际上，所有的材料都不可能全部反射或全部吸收，其 α 值皆介于 0～1 之间。

在工程中常使用降噪系数(NRC)粗略地评价在 100～5 000 Hz 频率范围内的吸声性能，考虑到同一种材料对于高、中、低不同频率声音的吸声系数不同，材料的 NRC 通常取其在 250、500、1 000、2 000 Hz 四个频率吸声系数的算术平均值。一般认为 NRC 小于 0.2 的材料是反射材料，NRC 大于等于 0.2 的材料才被认为是吸声材料，材料吸声性能等级与其对应的降噪系数 NRC 如表 3-2 所示。

表 3-2　材料吸声性能等级与其对应的降噪系数 NRC

等　　级	1	2	3	4
降噪系数范围	NCR≥0.80	0.80＞NCR≥0.60	0.60＞NCR≥0.40	0.40＞NCR≥0.20

影响多孔材料吸声性能的参数主要有流阻、孔隙率、结构因子、厚度、堆密度、空腔等。

1) 流阻

流阻是在稳定的气流状态下，吸声材料中的压力梯度与气流线速度之比。

当厚度不大时,低流阻材料的低频吸声系数很小,在中、高频段,吸声频谱曲线以比较大的斜率上升,高频的吸声性能比较好。增大材料的流阻,中、低频吸声系数有所提高;继续加大材料的流阻,材料从高频段到中频段的吸声系数将明显下降,此时,吸声性能变劣。因此,一定厚度的多孔材料都有一个相应适宜的流阻值,过高和过低的流阻值,都无法使材料具有良好的吸声性能。

2) 孔隙率

孔隙率是指材料中连通的孔隙体积与材料总体积之比,常用百分数表示。多孔吸声材料的孔隙率一般在 70%～90%。多孔吸声材料必须具有大量微孔,且微孔必须到达表面,使空气可以自由进入。故互不相通且不通到表面的闭孔材料不能形成吸声材料,开孔是吸声材料的基本构造。

3) 结构因子

一般而言,间隙在材料中的排列杂乱无章,在理论上往往采用毛细管沿厚度方向纵向排列的模型,所以对具体的多孔材料必须引进结构因子加以修正。多孔材料结构因子,一般在 2～10 之间,个别情况可达 20～25。在低频范围内,结构因子基本不起作用,这是因为在这个范围内,空气惯性的影响很小,而弹性起主要作用。当材料流阻比较小时,若增大结构因子,在高、中频范围内,可以看到吸声系数的周期性变化。

4) 厚度

在吸声理论中,用流阻、孔隙率、结构因子来确定材料的吸声特性,而在实际应用上,通常是以材料厚度、容重(重量/体积)来反映其结构状态和确定其吸声特性。多孔材料的低频吸声系数一般都比较低,当材料厚度增加时,可提高低、中频吸声系数,但对高频吸收的影响很小。

5) 堆密度

堆密度是指吸声材料的单位体积质量,用单位 kg/m^3 表示。多孔材料堆密度增加时,材料内部的孔隙率会相应降低,吸声频谱曲线向低频方向移动,但高频吸声效果却可能降低。当堆密度过大时,吸声效果又会明显降低。

6) 空腔

空腔即为多孔材料背后的空气层。当厚度和密度一定的多孔材料,改变其背后空腔深度时,材料吸声特性随之变化。增加背后空腔深度可扩展低频范围的吸声性能,通常材料后空腔深度等于 1/4 波长时,可以获得最大的吸声系数。

此外,材料的表面处理、安装和布置方式以及温度、湿度等对材料吸声性能也有影响。

3.2.1.3　多孔吸声材料分类

目前,常用的多孔吸声材料分为无机纤维材料、有机纤维材料、泡沫类材料和颗粒类吸声材料等几大类型。

1) 无机纤维材料

无机纤维材料主要有玻璃棉、矿渣棉及水泥基膨胀珍珠岩等。

玻璃棉分短棉($\phi 10 \sim 13\ \mu m$)、超细棉($\phi 0.1 \sim 4\ \mu m$)以及中级纤维($\phi 15 \sim 25\ \mu m$)3 种。超细玻璃棉是最常用的吸声材料,具有质轻、柔软、容积密度小、耐热、耐腐蚀等优点,但吸水率高。缺点是其弹性较差、局部受压不易复原、填装不易均匀。使用时,可适当增加容积密度以改善低频吸声性能,或使用胶合板、纤维板、塑料板、钢板、铝板等作为护面穿孔板。

矿渣棉具有质轻、不燃、防蛀、耐高湿、耐腐蚀、化学稳定性强、吸声性能好、廉价等优点。但其杂质含量较多、性能脆且易被磨成粉末,故在对洁净要求高的室内使用时受到限制。

水泥基膨胀珍珠岩吸声材料具有吸声性能好、耐久性高,对环境无污染,施工方便等优点,一直以来受到国内市场的广泛关注,其中以水镁石纤维增强水泥基吸声材料应用较广。

水镁石纤维增强的水泥基吸声材料是以微孔吸声结构原理为主要设计依据,利用分散性良好的水镁石纤维做增强剂,硫铝酸盐水泥和膨胀珍珠岩为主要原料,以引气剂、减水剂等作为添加剂制备的具有通孔结构的多孔吸声材料,其常用组分配比如表 3-3 所示。

表 3-3　材料配合比(质量分数%)

水　泥	膨胀珍珠岩	水灰比	减水剂	引气剂	水镁石纤维
60~80	20~40	0.4~0.8	0.1~1.5	0.1~0.5	1~3

2) 有机纤维材料

有机纤维材料是指植物性纤维材料及其制品,如棉麻、棉絮、稻草、海草、麻衣、棕丝等加工加压制成的各种软质纤维板,其具有价廉、吸声性能好的优点。

3）泡沫类吸声材料

泡沫吸声材料是一类具有开孔型的泡沫材料,泡沫孔相互连通。

多孔泡沫吸声材料依据材料的物理、化学性质的不同可分为:泡沫塑料、泡沫金属、聚合物基复合泡沫等吸声材料。泡沫塑料的优点是密度小、导热系数小、质地轻,缺点是易老化、耐火性差;泡沫金属是一种新型多孔材料,它将金属的特性如高强度、良好的导热性、耐高温等性能与分散相气孔的特性如阻尼性、隔离性、绝缘性、消声减震性等有机结合在一起。

目前泡沫金属研究最多的是泡沫铝,典型开孔和闭孔泡沫铝材料的形貌如图 3-1 所示。泡沫铝用作吸声材料,与玻璃棉、石棉相比有很多优点。它是由金属骨架和气泡构成的泡沫体,为刚性结构;加工性能好,能制成各种形式的吸声板;不吸湿且容易清洗,且吸声性能不会下降;强度好,不会因受振动或风压而发生折损或尘化;可耐高温,不易燃及释放毒气。泡沫铝不仅在高频区,而且在中、低频区也具有较好的吸声性能。

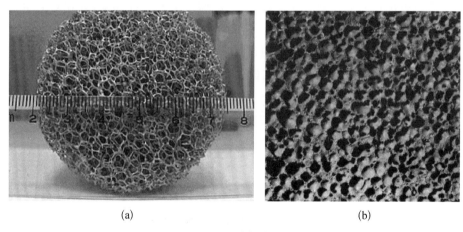

(a)　　　　　　　　　　　　　　　　(b)

图 3-1　泡沫铝的形貌

（a）开孔型　（b）闭孔型

泡沫铝中气泡的不规则性及其立体均布性产生了优良的吸声特性,其吸声及消声特性主要是以下三方面产生:泡沫铝中的介质在声波作用下产生振动和形变,因摩擦生热而消耗声能;气孔使声波产生反射、折射和干涉现象,起到消声作用;泡沫铝被切断或压缩加工后其气泡壁会破裂,声波可使气孔产生膨胀从而起到消声作用。

泡沫铝的吸声性能主要受气孔率、压缩率、泡沫铝板厚度、空气层厚度等影响。

气泡率对吸声率的影响很大。在一定的孔径范围内,气泡率越高,声波在其表面的漫反射及声波的干涉即增强,因而吸声效果好。气泡率高的泡沫铝,其气泡壁容易破裂使独立的闭孔结构变为通孔结构,从而产生阻尼共振而消耗声能,使吸声效果增加。

泡沫铝经过适当的压轧、压缩和弯曲等加工后,吸声率可大幅度提高,原因在于这些加工均可导致独立气泡壁破裂而变为通孔。但材料的过度压缩会减少通孔的数量、使泡沫铝表面的凸凹度变小、声波干涉变弱,从而导致材料平均吸声率的下降。

由于泡沫铝所具备的优点,作为吸声材料可以广泛应用于以下几个领域:① 可作为室内装饰吸声材料,用于音乐厅、影剧院、会堂、报告厅、体育馆、游泳馆、电视广播和电影录音室等工程;② 可用于候机大厅、候车室、宾馆大堂、地铁车站、展览馆、大型商场的吸声吊顶,提高其广播清晰度以及降低室内混响噪声的干扰;③ 可用于车间和机房,特别是地下工程潮湿和防火要求高的场所吸声降噪,如空压机、水泵房、柴油发电机、航空发动机等高噪声机房以及隧道、地铁工程的降噪;④ 因其传热性能好、抗振动和冲击能力好,可用作车辆、舰船的降噪以及机器隔声罩内的吸声材料;⑤ 作为吸声材料可用于通风空调消声器、高温气流消声器等。此外,泡沫铝吸声板是户外露天声屏障、轻轨、高架道路、高速公路冷却塔座等较为理想的吸声材料。

3.2.2　隔声材料

隔声是指通过某种物品把声音或噪声隔绝、隔断、分离等,这种声波难以透过的材料称为隔声材料。与吸声材料的多孔、透气等特性不同,隔声材料最为重要的是其材料本身的密实性(不透气性)。

3.2.2.1　隔声材料的隔声性能评价

隔声材料为不透气的固体材料,它对空气中传播的声波有三种作用,即反射、吸收和透射。隔声材料的隔声性能用透射系数 τ(透射率)来表示,即透射的声能与入射总声能的比值:

$$\tau = E_\tau / E_o \tag{3-2}$$

式中：E_τ 为透射声波声能；E_o 为入射声波声能；τ 无量纲，其值介于 $0 \sim 1$ 之间，值越小，表明透射过去的声能越少，即隔声效果越好，反之，值越大，隔声效果越差，通常所指的 τ 是无规则入射时各入射角度透射系数的平均值。

在实际工程中，由于透射系数值很小、变化范围很大，通常在 $10^{-1} \sim 10^{-5}$ 之间，故通常用声音透过衰减量（R）来表示构件的隔声性能：

$$R = 10 \lg(1/\tau) \tag{3-3}$$

此外，材料的隔声能力可用 T_L 来表示，T_L 为无限大隔层材料的透射损失，其值 $T_L = 10 \lg \tau$，在简单情况下可将透射损失近似为

$$T_L = 20 \lg[\omega m/(2\rho_0 c_0)] \tag{3-4}$$

式中：$\omega = 2\pi f$ 为圆频率；m 为单位面积质量；ρ_0、c_0 分别为空气的密度和声波传播速度，根据式（3-4），材料单位面积质量增加一倍，则透射损失增加 6 dB，这一隔声的基本规律称为"质量定律"，从另外一方面来说说隔声靠重量。因此，像砖墙、水泥墙或厚钢板、铅板等单位面积质量大的材料，隔声效果比较好。同样，此式也表明，单层隔声的高频隔声效果好，低频差。频率每提高一倍，传递损失就增加 6 dB。

从物理特性来讲，隔声材料具有一定弹性，当声波入射时便激发振动在隔层内传播。当声波与隔层呈一角度 θ 入射时，声波波段依次到达隔层表面，而先到隔层的声波激发隔层内弯曲振动使波沿隔层横向进行传播，当弯曲波传播速度与空气中声波依次到达隔层表面的行进速度一致时，声波便加强弯曲波的振动，从而降低隔声效果，这一现象称为吻合效应。

3.2.2.2 复合隔声材料

除实心砖块、钢筋混凝土墙、木板、石膏板、铁板、隔声毡、纤维板、铝板等隔声材料外，近年来新开发了无机-有机复合隔声材料，可广泛应用于道路声屏、建筑弓形装饰屋顶等场合。玻璃纤维织物/聚氯乙烯复合隔声材料是典型的无机-有机复合隔声材料代表。

玻璃纤维织物/聚氯乙烯复合隔声材料具有超薄、轻量、柔韧等特点，其隔声性能优于单一材料的隔声性能，其隔声量甚至超出了质量定律的预测效果。

其制备工艺是将聚氯乙烯树脂(EPVC)、邻苯二甲酸二辛酯(DOP)、环氧大豆油(ESO)按照质量比 100：130：7 的比例混合搅拌均匀,浇注到 EW300 型玻璃纤维织物上,在 165℃恒温烘燥后迅速冷却而制得。由于该材料是在常压下制备,内部存在很多空隙,这种材料的截面照片如图 3-2 所示。

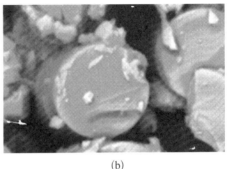

(a)　　　　　　　　　　　　　　　　(b)

图 3-2　玻璃纤维织物/聚氯乙烯复合隔声材料截面的 SEM 照片

(a) 整个材料的界截面　(b) 截面的局部

这类材料的隔声机理在于聚氯乙烯基体与玻璃纤维之间有较大的声阻抗差异,当声波遇到玻璃纤维时将发生多次折射及散射,使得传播路径增大、声能消耗增多;同时,声波在聚氯乙烯基体中传播碰到玻璃纤维时,必须绕过玻璃纤维发生衍射,从而加长声波的传播路径而消耗声能。另一方面玻璃纤维限制了聚氯乙烯树脂大分子链的运动,应变、应力的增加相对滞后,其介质损耗发生改变,入射声波在材料中传播需克服更大的阻力,从而使声能消耗增大,达到隔声的效果。

3.2.3　阻尼材料

在一定的受力状态下,阻尼材料同时具有黏性液体消耗能量的特性以及弹性固体材料存储能量的特性。当它产生动态应力或应变时,一部分能量被转化为热能而耗散掉,而另一部分能量以势能的形式储备起来。目前,阻尼材料在工程机械、建筑、航天航空、交通运输等领域得到了十分广泛的应用。

3.2.3.1　阻尼材料的作用机理

阻尼是指阻碍物体的相对运动,并把运动能量转变为热能的一种作用。

一般金属材料,例如钢、铅、铝等,它们的固有阻尼值较小。而塑料、橡胶和沥青等高分子材料,其阻尼值比金属材料高出 4～5 个数量级。

阻尼材料之所以能够降低噪声,主要原因在于阻尼能够减弱金属板弯曲振动的强度。当金属发生弯曲振动时,其振动能量迅速传递给紧密涂贴在薄板上的阻尼材料,引起阻尼材料内部的摩擦和相互错动,由于阻尼材料的内损耗、内摩擦大,使金属板振动能量有相当一部分转化为热能而损耗散失,从而减弱薄板的弯曲振动而产生的噪声。而且,阻尼可缩短薄板被激振的振动时间,譬如不加阻尼材料的金属薄板受撞击之后,要振动 2 s 才停止,而涂上阻尼材料的金属薄板受同样大小的撞击力,其振动的时间要缩短很多,也可能只有 0.1 s 就停止了。许多心理声学专家指出,50 ms 是听觉的综合时间,如果发声的时间小于 50 ms,人耳要感觉这种声音是困难的。金属薄板上涂贴阻尼材料而缩短激振后的振动时间,从而降低金属板辐射噪声的能量,达到控制噪声的目的。

阻尼产生的机理是指一种工程结构将广义振动的能量转换成损耗的能量,从而抑制振动和噪声,对于利用高分子聚合物的共混或复合制作成为阻尼材料而言,其形态结构(形容性)、交联度、各组分聚合物的玻璃转化温度(T_g)、各组分聚合物阻尼能力的大小均会影响力学阻尼材料的阻尼性能。

高聚物的黏弹性是高分子材料形变性质的重要特征,高聚物阻尼作用机理直接与高聚物的动态力学松弛性质相关,当高聚物与振动物体相接触时,必然吸收一定量的振动能量,使之变成热能,结果使振动受到阻尼作用。聚合物阻尼作用的大小取决于其受力变形时滞后现象的大小,正是由于这种特有的滞后现象,聚合物的拉伸-回缩循环变化均需要克服其本身的分子链段之间的内摩擦阻尼而产生内耗。高聚物材料的阻尼性能来源于分子链运动、内摩擦力以及大分子链之间物理键的不断破坏与再生。高分子聚合物阻尼材料损耗因子 η_0 的定义为

$$\eta_0 = G''/G' \tag{3-5}$$

式中:G' 与 G'' 分别是材料的复剪切模量的实部和虚部。

3.2.3.2 阻尼的检测原理及评估

材料内耗的大小定义为材料振动一周所损耗的能量 ΔW 与其最大弹性储

能 W 之比：

$$Q^{-1} = \Delta W / (2\pi W) \qquad (3-6)$$

其中常数 2π 的引进是为了便于各种测量方法之间的比较。

在工程上,材料的内耗也称为阻尼本领。由于测量方法的不同,有多种关于材料阻尼本领的量度,如对数减缩量 δ、能耗系数 η、品质因数 Q、超声衰减 α、应变落后于应力的相位差 φ、比阻尼本领 P 等。它们的定义如下：

$$P = \frac{\Delta W}{W} \qquad (3-7)$$

$$\delta = \ln\left[\frac{A_n}{A_{n+1}}\right] \qquad (3-8)$$

$$Q = \frac{\sqrt{3} f_r}{\Delta f} \qquad (3-9)$$

$$\alpha = \frac{1}{x_2 - x_1} \ln\left[\frac{\mu_1}{\mu_2}\right] \qquad (3-10)$$

上述式中：A_n、A_{n+1} 分别是在自由衰减法测量中相邻两周的振动振幅；Δf 是共振法中共振频率为 f_r 的共振峰的半宽度；μ_1 和 μ_2 分别是波传播法中波在位置 x_1 和 x_2 的振幅。在内耗较小的情形下($\delta \ll 1$),有

$$Q^{-1} = \eta = \tan\varphi = 1/Q = \delta/\pi = P/2\pi = \alpha\lambda/\pi \qquad (3-11)$$

式中：λ 是波传播法中波的波长。此外,很多高阻尼合金的阻尼本领与振动振幅有关,所以工程上有时也采用应力振幅为材料屈服强度的 10% 时的比阻尼本领为材料阻尼本领的量度,记为 $P_{0.1}$。

阻尼或内耗的测量原理按测量时外加交变应力的频率与被测量系统(包括试样和惯性元件)的共振频率的关系可分为三种基本类型：① 次共振法；② 共振法；③ 波传播法。

次共振法是外加频率远低于被测量系统共振频率的情况。当外加一个振幅恒定的交变应力时,被测量系统的响应(即应变)的频率与外加应力的频率相同但落后一个相位角(φ),试样的内耗值 $Q^{-1} = \tan\varphi$。该方法的优点是应力恒定,有利于研究与振动振幅有关的阻尼性质,而且可以很方便地改变测量频

率。缺点是测量频率不能过高。

共振法是外加频率约等于被测量系统共振频率的情况。此时有两种不同的测量方法：一种是自由衰减法，另一种是共振波形法。自由衰减法所依据的原理是，在撤去外加交变应力而让系统以共振频率自由振动时，系统的振动将由于机械能量的损耗而衰减。因为系统的振动能量与振动振幅的平方成正比，所以，通过测量相邻两周的振幅之比，就可以求出能量损耗，即振动振幅的对数减缩量：

$$\delta = \ln(A_n/A_n + 1) \tag{3-12}$$

该方法测量装置简单，测量精度很高，频率覆盖范围广（通过改变装置可实现 10^{-5} Hz 到约 100 kHz 的频率）。缺点是在同一装置上变化频率较不容易（频率变化范围窄）。共振波形法所依据的原理是，在外加交变应力的频率与系统的共振频率相等时，系统的振动振幅最大，而当外加应力的频率偏离系统的共振频率时，系统的振动振幅减小。因此，当把系统振动振幅作为外加频率的函数时将在共振频率处出现一个共振峰。此共振峰的半宽度与内耗或阻尼本领成正比：

$$Q^{-1} = \frac{\Delta f}{\sqrt{3}f_r} \tag{3-13}$$

该方法测量装置简单，测量精度较高，缺点是测量过程中振动振幅变化范围大，不利于研究与振动振幅有关的阻尼性能。

波传播法是外加频率远高于被测量系统共振频率的情况，此时，外加的高频应力作为弹性波在试样内部传播（如超声波）。它的测量原理与自由衰减法相似，不同之处在于这里测量的是波的振幅随传播距离的衰减量 α。波的振幅 μ 随距离 x 变化的函数关系为 $\mu = \mu_0 e^{-\alpha x}$，其中 μ_0 是 $x = 0$ 处的振幅。该方法测量频率高，测量周期短，缺点是不容易处理由于散射引起的波的能量损失。

3.2.3.3　阻尼材料类型

阻尼材料可分为黏弹性阻尼材料、合金阻尼材料、阻尼复合材料和智能型阻尼材料。

1）黏弹性阻尼材料

黏弹性阻尼材料兼有黏性液体在一定运动状态下损耗能量的特性和弹性

固体材料贮存能量的特性,这类材料一般都是高分子材料,具有耗能减振作用。在玻璃态转变温度 Tg 附近(即玻璃态转变区)具有很大的阻尼。通常所称的黏弹性阻尼材料也就是指其玻璃态转变区与使用温度相重合的聚合物材料。众所周知,弹性材料虽然能够贮存能量,但是不能耗散能量。相反,黏性液体具有耗散能量的本领,然而却不能贮存能量。因此只有介于黏性液体和弹性固体之间的黏弹性材料才能两者兼备。在受到交变应力作用产生变形时,部分能量像位能那样贮存起来,另一部分能量则被耗散转化成热能,起到阻尼的作用。这类阻尼材料目前已比较成熟,广泛应用于航空、航天、采矿、汽车、建筑、机械、船舶等工业领域和家用电器、体育器材等方面。黏弹性阻尼材料一般都为高分子聚合物,其阻尼系数都较大,大部分在 0.1 以上,有些甚至可高达 2.0,使用温度在 −55~120℃ 之间。随着环境温度的升高和变形频率的减小,黏弹性阻尼材料的储能剪切模量和损耗因子减小。

高分子物质中,有天然的材料,但大部分是人工合成的高分子材料,如醋酸纤维、氯化橡胶,另外是由低分子化合物进行聚合反应而合成的高分子材料,如聚乙烯等。通常用于阻尼材料的合成高分子材料,主要为合成树脂与合成橡胶,合成树脂又分为热塑性和热固性两种,塑料便是以合成树脂为主要成分,并在其中加入填充料、增塑剂、稳定剂着色剂等形成的。

目前研究最为广泛的高分子阻尼材料为聚氨酯类,其与许多其他高分子材料有较好的相容性,例如聚丙烯酸酯、环氧树脂、聚苯乙烯、聚氯乙烯等,可以形成互穿网络结构(IPN)作为阻尼材料使用。聚氨酯/聚丙烯酸酯 IPN 阻尼材料,这类阻尼材料是研究得最多的一类阻尼材料。聚氨酯 Tg 较低,而聚丙烯酸酯 Tg 较高,两者形成 IPN 后,Tg 温度范围达 100℃ 以上,适于用做宽温度阻尼材料。PU/PMMA‑IPN 的阻尼性与组成和合成方法有关,侧基对 $\tan\delta$ 有重要作用,较长侧基的阻尼性较好。另外合成压力对 IPN 的形成有很大影响。低压时 PU 为连续相,高压时 PMMA 为连续相,都不能形成满意的 IPN 结构,所以选择适当的合成压力对制备 PU/PMMA‑IPN 阻尼材料是至关重要的。

2) 合金阻尼材料

阻尼合金一般都具有两相(或两相以上)复合组织,通常是在高强度基体中分布于软质第二相。在外界振动作用下,基体组织发生弹性变形,界面处发生塑性流动,使振动能转变为摩擦热而消耗。高阻尼合金的阻尼性能比一般金属材料大得多,并且耐高温,用其制造机械设备或仪器的构件,可以达到从振源和噪声源入手,起到减振降噪的目的。这种减振降噪方法具有工艺简便,适用范围广等特点,是一种积极有效的阻尼技术。人们已开发了以镍、镁、铜、锌、铝和铁等为基的各种阻尼合金并已应用于实际中。通常材料的阻尼性能与强度是矛盾的,高强度材料的阻尼性能低,而低强度材料的阻尼性能高,因此如何使阻尼合金既具有高的阻尼性能,又具有良好的力学性能是阻尼合金设计、研究和开发中的一个重要问题。阻尼合金在减振降噪方面有广阔的应用前景。但目前阻尼合金的阻尼性能普遍偏低,损耗因子仅为 $0.01\sim0.15$,与黏弹性材料相差 $1\sim2$ 个数量级,远不能满足很多高阻尼场合的使用要求。

目前的高阻尼合金按其阻尼机制可以分为 5 大类,即复合型、孪晶型、位错型、铁磁性型和其余类型,如表 3-4 所示。阻尼的作用并不只是按单一机制进行,但将结构件的振动弹性能在阻尼合金的内部转变为热能而放出去,在这一点上则都是相同的。

表 3-4　高阻尼合金按阻尼机制的分类

分　类	典　型　合　金	例子及其成分(除 Ti-Ni 外均为质量分数%)
复合型	铸铁系 减振钢板	球状、片状石墨铸铁:Fe-3%C-2%Si-0.7%Mn 软钢板+塑料
孪晶或界面型	Mn-Cu 系 Ti-Ni 系 Fe-Mn 系 Cu-Al 系 Al-Zn 系	Cu-40%Mn-2%Al Mn-37%Cu-4%Al-3%Fe-1.5%Ni Ti-50%Ni;Ti-20%Ni-30%Cu Ti-47%Ni-3%Fe Fe-17%Mn;Fe-27%Mn-3.5%Si Cu-10.6%Al-19.5%Zn Cu-14.1%Al-4.2%Ni Cu-17.5%Al-8%Zn-0.4%Si Zn-22%Al;Zn-27%Al-2.5%Cu Zn-9%Al-1%Cu-0.1%Fe
位错型	Mg 系	Mg-0.6%Zr Mg-0.6%Zr-0.6%Cd-0.2%Zn Mg-0.7%Si

分　类	典　型　合　金	例子及其成分(除 Ti-Ni 外均为质量分数%)
铁磁性型	Fe 系 Co 系	Fe-12%Cr-3%Al Fe-15%Cr-2%Mo-0.5%Ti Fe-12%Cr-1.3%Al-0.08%C Fe-20%Cr-2%Co-4%Mo Nivco-10 Co-23%Ni-1.9%Ti-0.2%Al
其他 (表面裂纹)	不锈钢	Fe-18%Cr-8%Ni

(1) 复合型。

石墨铸铁和减振钢板,是通过铸铁内的石墨和钢板内的树脂的黏塑性流动来产生阻尼作用的。片状石墨铸铁的优点是成本低、耐磨性能好,缺点是强度和韧性低、不能超过一定的使用温度。后来发展的可轧片状石墨铸铁克服了以上的缺点。

(2) 孪晶型或界面型。

振动应力使得热弹性马氏体孪晶晶界或界面运动而引起衰减和静态滞后,如 Mn-Cu 系合金和 Ti-Ni 合金等形状记忆合金。它们的优点是阻尼本领较大、强度高、受应变振幅的影响小、耐磨损性和耐腐蚀性都较好。缺点是使用温度偏低(100℃以下)、成本相对较高、长时间时效会引起性能下降、对 Ti-Ni 合金来说加工性能不好。

Mn-Cu 合金以 Sonostone,Incramute 为代表,具有良好的衰减系数和耐蚀性,较好的抗应力腐蚀和抗空穴腐蚀性能,因此在船舶工业中得到应用。在 1968 年 Sonostone 就用于制作潜艇和鱼雷的螺旋桨。但存在合金热处理复杂,冷、热加工性比较差,杨氏模量低,制造成本高等缺点。

Al-Zn 系合金,Al-40%Zn 和 Al-78%Zn 合金经固溶化处理,随后经 150℃长时间时效,在晶界有 Zn 的不连续析出物形成。合金的衰减能随温度增高而上升,在 50℃附近可获得高的衰减系数为 30%,这是最早报道的高阻尼合金。鉴于这种合金具有牢固、便宜、轻巧和易加工等特点,可用于唱机的转盘、发动机盖和部分机械。

（3）位错型。

由析出物和杂质原子所钉扎的位错，在外加的振动应力作用下松开后，由表观的位移增大而引起静态滞后，从而产生能量损耗，如 Mg 系合金等。其优点是阻尼本领高、密度低，主要缺点是强度偏低、耐腐蚀性以及压力和切削加工性都较差。

Mg 和 Mg 合金具有最大的衰减系数，铸造 Mg 合金的衰减系数可达 60%。加上它强度大、比重小（1.74 g/cm³），能承受大的冲击负荷和对碱、石油苯和矿物油等有较高化学稳定性的优点，所以 Mg 合金（Mg-0.6% Zr 的 KIXI 合金）被用于火箭的姿态控制盘和陀螺的安装架等精密装置上。

（4）铁磁性型。

伴随着由形变而引起的磁畴壁的非可逆运动而产生磁力学的静态滞后，产生能量损耗，如 Fe-Cr 系合金等。该类合金的主要优点是成本低、加工性能好、具有一定的耐磨损和耐腐蚀性能、受频率的影响较小、使用极限温度高、性能稳定、并且可以用合金化和表面处理来提高性能。主要缺点是受应变振幅的影响较大、要求的热处理温度较高（1 000℃左右）。

Fe 基合金近年来发展很快，有 Fe-Cr-Al（Silentalloy、Tranqlloy）、Fe-Al、Fe-Mo、Fe-W、Fe-Cr-Mo、Fe-Cr-Co 等高阻尼合金。其中以 Silentalloy 合金应用居多，这是一种廉价的三元合金。它具有以下特点：① 振动衰减效果为普通不锈钢材料的 100 倍；② 高温衰减特性优良，在 350℃以下衰减效果基本不变；③ 具有与铁素体不锈钢相当的耐蚀性和焊接性；④ 机械强度比低碳钢高，约为 380～480 MPa；⑤ 加工性良好，能加工成板、棒、条、管、锻件等各种形状，切削性也良好。广泛应用于铁道线路的补修机、家用制品、音响机器、打字机、厨房器具、工业机械、鼓风机以及其他振动源、噪声源等器件。但 Silentalloy 合金是一种铁磁性型合金，当外磁场达到一定程度时，其衰减性能便急剧下降，所以该合金不推荐在磁性场合中使用。

（5）其他（表面裂纹型）。

由于裂纹面的相对滑动（摩擦）而产生的弹性能的损耗，使结构衰减发生于材料内部，如 Al、18-8 不锈钢等。在软钢表面轧出微细的摩擦界面也具有减振作用。

3) 阻尼复合材料

这类材料包括聚合物基阻尼复合材料和金属基阻尼复合材料。聚合物基阻尼复合材料是以具有相当力学强度和相当高的损耗因子的聚合物基体用增强相增强的复合阻尼材料。普遍认为它们的阻尼主要来自基体材料的黏弹性和增强纤维与基体界面间的滑移。金属基阻尼复合材料包括在金属基体中添加第二相无机粒子形成的金属基复合材料,或两种不同的金属板叠合在一起或由金属板和树脂黏合在一起而形成的复合阻尼金属板等。如在锌基和铝基合金中添加石墨粒子、碳化硅等第二相粒子制成阻尼性能较高的复合材料,把球铁或超塑性合金与软钢经焊接并轧制而形成的多层金属阻尼板,以及金属板与各类树脂黏合形成的振动阻尼金属板就是这方面的例子。一般来说,阻尼复合材料的阻尼来源于基体和复合相的固有阻尼、复合材料的界面滑动和界面处的位错运动。采用高阻尼的基体和复合相以及设计和制备高阻尼的界面是获得高阻尼复合材料的有效途径。

第二相增强的金属基复合材料的研究主要集中在铝基材料,分为纤维、晶须、颗粒增强等,编者所在课题组致力于铝基复合材料阻尼性能的研究,目前已经取得一定的成绩。混合盐法制备原位自生 TiB_2 颗粒增强铝基复合材料,成功实现材料阻尼性能与力学性能的同时提高。$TiAl_3$ 颗粒增强铝基复合材料的阻尼性能在各温度范围内都较铝基体显示出更高的阻尼性能。

S2 型复合高阻尼材料是由两块或多块金属之间夹有很薄的黏弹性材料芯层所组成,如图 3-3 所示,它的强度可以由配制选用的不同金属材料来加以保证,其阻尼性能则主要来自黏弹性材料以及这种约束层结构之间的剪切阻尼。不同材料的阻尼性能如表 3-5 所示。

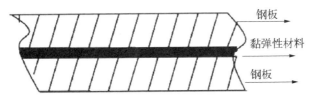

图 3-3　S2 复合阻尼钢板的结构简图

表 3-5　不同材料的阻尼性能

材 料 名 称	损耗因子 η(室温)
S2 复合阻尼钢板	$(25\sim73)\times10^{-3}$　$\eta_{max}>0.1$
美国复合阻尼钢板	$(36\sim70)\times10^{-3}$
日本复合阻尼钢板	$(7.5\sim22)\times10^{-3}$
A3 钢	0.12×10^{-3}
45♯钢	0.08×10^{-3}
橡　木	$(8\sim10)\times10^{-3}$
混凝土	$(10\sim50)\times10^{-3}$

　　复合型阻尼钢板选用高分子材料作为阻尼层,而这种材料是成千上万个单体分子共聚或缩聚而成的。当受到外力时,高分子材料呈现出固体弹性和液体黏性之间的中间状态。当高分子聚合物受拉时,一方面分子链被拉伸,另一方面还产生分子间链段的滑移。外力消失后,拉伸的分子恢复原位,这就是高分子聚合物的弹性;而链段间的滑移不能迅速完全恢复原位,这就是高分子聚合物的黏性。所以高分子聚合物具有明显的黏弹性性质。链段间的滑移所做的功不能返回,以热能形式散失掉,利用这一特性把机械能转化为热能,从而构成了阻尼减振的基础。

　　S2 复合阻尼板具有很高的阻尼性能,其与普通钢相比,可提高阻尼 2～3 个数量级,就是与美国、日本的阻尼钢板相比,我国的 S2 复合阻尼板亦有较大幅度的提高,并且该复合阻尼材料的损耗因子的频率适应区域及温度区域都很宽,这将给实际的减震降噪工作带来较大的使用余地。

　　S2 阻尼钢板具有良好的剪切、冲孔、钻削、车削、弯曲成型以及深冲成型等机械加工性能,这些性能主要取决于 S2 钢板所选用的原材料钢种的性能。S2 阻尼钢板可以进行点焊、气焊等常规焊接。自 1983 年开始实物使用至今已成功地用于几十种民用机械的减振降噪,如表 3-6 所示。

表 3 - 6 S2 复合高阻尼材料实物应用举例

产 品 名 称	降噪值/dB(A)	特 性
钢管矫直机进出口料	15	撞击、摩擦
风力输送火柴梗管道	10～10.5	风力振动、冲击、摩擦
自动纵切车床受料管	10	撞击、摩擦
175F - 1 型柴油机外围件等	8～12(单件)	使整机结构噪声下降 4.9 dB(A)
切割石料锯片	12～15	强迫振动冲击、摩擦
磨削石料锯片	16～22	强迫振动冲击、摩擦
X - Y 绘图仪(画板)	7～8	冲振动、冲击
粉碎机受料斗及传送带	10～17	振动、冲击、摩擦
机罩(磨玉机、矫直机等)	8～12	主要视激振程度而变化
隔声房	32	内衬吸声材料、结构轻巧
S - 195 柴油机气缸罩	1.9(整机)	结构振动

4) 智能型阻尼材料

所谓智能材料,就是具有自我感知能力,累积传感、驱动和控制功能于一体的材料系统,它不但可以判断环境,而且可以顺应环境,通过感知周围环境的变化,能够适时采取相应措施,达到自适应的目的。智能阻尼材料是一种新型的阻尼材料,是将智能材料的自感知、自判断、自适应的特性应用于阻尼体系,与聚合物复合制备阻尼材料,成为阻尼材料领域的一个新的研究方向。

目前,国际上研究最多的智能阻尼材料是压电阻尼材料。压电阻尼材料多是在高分子材料中加入压电粒子的一类导电材料,一旦受到振动的干扰,压电粒子就能将振动能转化为电能,导电粒子再将其转换成热能耗散,具有减振、吸声的作用。其工作原理是利用高分子材料的黏弹阻尼特性和压电粒子的压电效应,实现机械能-电能-热能的转变。通过上述能量的转换,从而达到阻尼的效果。

能量的耗散有 3 种途径:① 通过高分子黏弹性产生的力学损耗作用,将振动能转变成热能,即内阻尼;② 通过聚合物与压电材料、导电材料的相互摩擦消耗一部分,并转化成热能;③ 通过压电阻尼效应,将机械能转化为电能,此电能再由导电材料转化为热能。

压电阻尼材料的优点在于其使用条件下不再受环境和振动频率的极大限制,同时,微粒的填充提高了减振材料的刚度,若选用适当的基体材料,则这类减振材料不仅具有较理想的减振能力,而且可能作为结构材料或与结构材料一起使用。压电效应对于阻尼减振的意义,受到了材料学家的关注。

压电阻尼材料的阻尼性能一般会受到聚合物基体类型、交联网络结构的影响。

一般选用高介质损耗因数的聚合物,如 PVDF、EP、PU、聚丙烯酸酯、PU/EP 及 EP/聚丙烯酸酯等。研究 PU/BA 互穿聚合物网络的阻尼性能与 PU 交联密度的关系,发现了低交联密度的 PU/BA 互穿聚合物网络具有高阻尼性能。因此,选择合适的交联密度有利于聚合物阻尼性能的改善。

压电陶瓷在阻尼复合体系中的作用相当于能量转换器,复合体系的压电性能决定其能量转化效率。复合体系的压电性能与压电陶瓷的性质、极化条件、含量和颗粒度等有关。

一般选用压电陶瓷为 PZT(锆钛酸铅)、PLZT(掺镧锆钛酸铅)等。分别在 PVDF 中加入 PZT 和 PLZT 两种压电陶瓷,研究发现,由于压电陶瓷 PLZT 的机电耦合系数大于 PZT,相同条件下,PVDF/CB/PLZT 体系的阻尼减振性能优与 PVDF/CB/PZT 体系。因此,使用高压电性能的压电陶瓷可使复合体系具有较高的压电性能,能量转化率更高,更有利于复合体系的阻尼性能提高。研究 PZT/环氧树脂复合膜吸声系数与极化电压的关系,结果表明,极化电压越高,复合体系的压电性能越好,吸声系数越高。因此,合适的极化条件同样有利于提高复合体系的阻尼性能。研究 PZT/氯化丁基橡胶复合体系 $\tan\delta$ 随 PZT 含量、颗粒度的变化。发现 $\tan\delta$ 与 PZT 含量的变化曲线与抛物线相类似,当 PZT 质量分数为 $0.72\%\sim1.08\%$ 时,$\tan\delta$ 最大(1.3);PZT 颗粒度为 $1\sim3\ \mu m$ 时,提高阻尼性能作用最好。因此,加入适当含量、颗粒度的压电陶瓷才能提高阻尼性能。

由压电复合阻尼材料的阻尼机制可知,一部分能量的消耗是电能在一定的导电网络中转换为热能消耗而引起的,因此具有匹配导电网络的复合体系有利于提高材料的阻尼性能。加入导电相是为了改善复合体系的导电能力,而压电阻尼材料是电绝缘材料,因此,加入导电相后应保证体系的导电网络贯穿于聚合物中,但又不能与材料的表面相连使复合体系成为导电材料。这样可以使压电陶瓷相互连接起来,将电能顺利地在复合材料中传导,在传导过程中转化成热能消耗掉。影响复合体系导电能力的因素有:导电相的种类、形态、含量等。

通常加入高分子材料中的导电材料有:炭黑、石墨、金属粉末、导电性氧化物、碳纤维和导电高分子。加入导电相主要是使得导电网络具有匹配的电阻,由于不同种类的导电材料其导电机理不同,与高分子材料的相容性也不同,因此导电相导电能力也不同。导电相的加入在将复合体系中压电陶瓷连接的同时要保证复合体系不能连通成导体。因此,控制其加入含量是十分重要的。当导电相到达某一含量(称为渗流域值),复合体系的电阻会产生几个数量级的变化时,该含量为加入导电相的临界含量,此时复合体系有匹配的导电网络,阻尼性能最大。

3.3　交通噪声控制材料

工业和交通运输业的迅速发展,使噪声污染已成为继水污染、空气污染之后的另外一大污染。在我国,城市噪声主要由道路交通噪声(35%)、生活噪声(38%)、工业和施工方面噪声(27%)。

目前,我国城市机动车拥有量日益增加,城市地铁、轻轨等轨道交通工具的迅速发展,在带给人们便捷的同时,其产生的噪声污染也给居民生活和工作带来严重影响,因此,解决城市道路交通的减振降噪问题,对于改善居民的生活环境、实现城市道路交通可持续发展具有十分重要的现实意义。为降低交通噪声,世界上诸多国家采取种植降噪绿化林带、修筑声屏障、应用降噪路面等措施。

3.3.1　声屏障

声屏障是在声源与接收点之间采用吸声材料或隔声材料设置的不透声屏障,目的是用来阻断声波直接传播、隔离透射声、衰减衍射声,以减弱接收者所在区域内的噪声影响,是控制交通噪声污染最经济、最有效的一种重要措施。自 20 世纪 60 年代,一些发达国家已经开始声屏障的研究和应用。近年来,我国的部分高速公路、铁路及一些城市的轨道交通也相继建造了声屏障,用以降低噪声对居民生活的影响。

3.3.1.1 声屏障降噪机理

噪声在传播途径中遇到障碍物时,声波就会发生反射、透射和衍射现象,从而在障碍物背后一定距离内形成"声影区",在声影区内噪声明显减弱。声屏障将声源和保护目标隔开,尽量使保护目标落在声屏障的声影区内。声影区的大小与声音的频率、声源与接收点之间的距离等因素有关,频率越高、声影区的范围越大。

噪声在传播路径上遇到尺寸远大于声波波长的障碍物时,其大部分声能被反射,一部分发生衍射,而透射声能的影响可忽略不计。通常,声屏障的隔声效果可以采用减噪量 R_N 来表示。

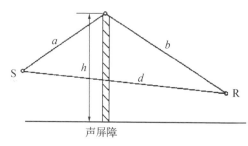

图 3-4 声屏障的隔声示意图

在声源 S 和接收点 R 之间设置一个声屏障,如图 3-4 所示,假设声屏障为无限长,声波只能从屏障上方衍射从而在其后形成一个声影区。引入参量菲涅耳数:

$$N = 2\delta/\lambda \qquad (3-14)$$

$$\delta = (a+b) - d \qquad (3-15)$$

式中:λ 为声波的波长;δ 为有屏障与无屏障时声波从声源到接收点之间的最短路径差。

当 N 为正值时,声屏障的减噪量可近似为

$$R_N/dB = 20 \lg \frac{\sqrt{2\pi N}}{\lg(h\sqrt{2\pi N})} + 5 \qquad (3-16)$$

上式表明,当 N 等于 0 时,R_N 等于 5 dB,也就是说,当声屏障的高度接近于声源点和接收点的高度时,仍然会有 5 dB 的减噪量。

3.3.1.2 声屏障的类型

声屏障的结构形式对其降噪效果有直接影响,不同的工况环境需不同形

式的声屏障与之相适应,且其形式决定了声屏障所用材料的选择。公路的声屏障形式按形状可分为以下几类(见图 3‐5):

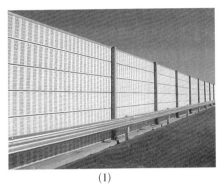 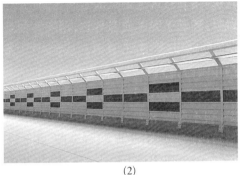

（1）　　　　　　　　　　　　　　　（2）

图 3‐5　道路声屏障形式

（1）直壁式　（2）折壁式

1）直壁式

多用于填方路段、挖方路段、平路堤段及高架桥等,整个声屏障墙体为上下竖直。多用混凝土、砖、金属板及复合轻型板等材料来构筑墙体,用钢筋混凝土柱或金属柱来保持稳定性。由于直壁式声屏障具有用材简易、施工方便、造价较低、与环境有较好的融合性等特点,在国内外的应用较为广泛,但降噪效果较弱。

2）折壁式

主要应用于降噪要求较高但声屏障的高度又有一定限制的场合。此类声屏障其上部通过倒 L 形、T 形、Y 形、圆弧形等形式折向声源方向,折角要小于45°,面向声源一侧通常设计为吸声表面。为保证声屏障的安全性,降低风荷载,一般大于 5 m 的声屏障采用折壁式。例如北京健翔桥上修建的折壁式声屏障,高达 7 m,安装后其降噪量可达到 10～15 dB。

3.3.1.3　声屏障材料

声屏障的材料构造直接影响其技术性能、造价及寿命等,是声屏障设计的关键之一。所用材料的隔声性能是声屏障构造设计中要考虑的首要因素,根据能量减半而声级下降 3 dB 的规律,材料的吸声系数应达到 0.80～0.85,目前我国应用的声屏障材料主要有以下几种:

1）砌块及板形材料

砌块是指采用普通混凝土、轻质混凝土及硅酸盐材料等制作的块状材料或各种砖、石块等。砌块的形状可以根据声屏障的需要而设计,其优点是隔声性能好、施工方便、造价低,且具有强度高、耐火、防腐蚀等性能。

用于制备声屏障的板材主要有:混凝土板、亚克力板、彩钢复合板、强力PC板、有机复合板、钢化玻璃声屏障、陶瓷板材声屏障、水泥木屑吸声板和聚酯隔声板等。板型声屏障施工简单、易于安装、造价较高,部分材料耐久性、耐火性较差,常用于高架桥或市郊公路。

2)纤维及泡沫材料

用于道路声屏障的吸声材料主要有超细玻璃棉、矿棉等无机纤维类材料。由于这类材料度较低、性脆易断,在大流量交通流振动和风压影响下易粉化造成二次污染,需研发吸声更有效、更环保的材料取代之。

泡沫陶瓷具有良好的声学性能、力学性能、耐候性、防火性等特点,其在中低频范围内具有良好的吸声性能。并且具有重量轻、易于安装维护,良好的耐高温、耐潮湿等特性。如厚 50 mm 的泡沫陶瓷材料和其后留有 10 cm 空腔结构的泡沫陶瓷,分别对中心频率为 600 Hz 和 250 Hz 的声频具有较好的吸声效果,而这恰恰是道路交通噪声的主要频段。

3)微孔吸声板材

马大猷院士提出的微孔吸声理论使微孔吸声板材飞速发展,目前,已有利用透明材料制成的微孔吸声材料应用于声屏障,这类材料可以克服一些吸声材料在雨水、潮湿作用下吸声性能明显下降的不足。

4)生物类型

由绿色植物将声屏障构件掩蔽形成生物墙。此类声屏障的声学性能好,绿色植物增加了对噪声的吸收,易于周围环境相融,有较好的景观效果。

声屏障的设计是一项复杂的系统工程,涉及声学设计、结构设计和景观设计等多学科内容,除满足降噪要求、声屏障的强度要求外,还要与周围的景观有良好的协调性。

3.3.2 路面噪声控制

3.3.2.1 路面噪声来源

汽车行驶时由于轮胎和路面之间的相互作用所产生的振鸣声称为轮胎/路面噪声,简称为路面噪声。其来源主要有振动噪声、泵气噪声和空气动力噪声。振动噪声主要是由胎面和胎侧振动所引起；泵气噪声产生的原因在于：轮胎上的花纹与路面接触、离开时，花纹里的空气被挤压排出、回填，从而形成局部的不稳定空气体积流，这种空气体积流往返运动形成的单极子噪声即为泵气噪声；空气动力噪声主要是指轮胎旋转造成其周边空气压力变动而产生紊流，从而使空气振动引起的噪声。空气动力噪声只有在汽车行驶速度很高时才予以考虑。

路面噪声的大小与轮胎花纹构造、路面特性及车速有关，随着行驶速度的提高，路面噪声在交通噪声中的比例越来越大，因此降噪路面材料的选用对于控制交通噪声具有重要的实际意义。

3.3.2.2　降噪路面的降噪机理

降噪路面的降噪机理可概括为：

（1）具有大孔隙率的路面可通过对声音的吸收、孔隙间声音的不断反射而达到衰减噪声的目的。

（2）具有大孔隙率的路面减少了轮胎与路面间的接触面积，有利于附着噪声的降低；且轮胎与路面接触时轮胎表面花纹槽中的空气可通过连通孔隙向四周溢出，减小了空气压缩爆破产生的噪声，且使泵气噪声的频率由高频变为低频。

（3）具有高弹性、高阻尼的路面材料可吸收、衰减轮胎振动，从而大大降低振动噪声。

（4）路面具有良好的表面纹理有助于吸收和反射噪声；具有良好的平整度有利于降低冲击噪声。

3.3.2.3　降噪路面的类型

降噪路面主要有沥青混凝土和水泥混凝土两类，关于低噪声路面的研究、应用主要集中于沥青混凝土路面。具有降噪效果的沥青路面主要有：多孔性沥青路面、橡胶沥青路面、沥青玛蹄脂碎石路面、超薄沥青混凝土路面和多孔弹性路面等。

1）多孔性沥青路面

多孔性沥青路面（porous asphalt，PA）的空隙率为 15%～20%，而普通沥青路面的空隙率仅为 3%～6%。与普通沥青混凝土路面相比，此种路面可降低交通噪声 3～8 dB。多孔性沥青路面在路表面、路面内部均形成发达贯通的孔隙,由于空隙率大,雨水可渗入路面之中,由路面中的连通孔隙向路面边缘排走表面积水,因此这种路面又称之为排水性沥青路面(drainage asphalt pavement,DAP)。

从声学角度讲,这种路面是具有刚性骨架的多孔吸声材料,在噪声的辐射过程中可吸收衰减大量声能,因而具有很好的吸声性能。此外,由于多孔性沥青路面存在许多连通的小孔,轮胎与路面接触时被压缩的气体能够通畅地进入路面孔隙内,而不是向周围排射,从而减小了轮胎花纹的泵气噪声。路面使用该结构后,其降低的噪声程度相当于将交通量减半。这种路面结构除具有降低噪声的功能外、还具有提高雨天路面抗滑性能和减小溅水与水漂现象,对提高提高交通安全具有积极意义。

2) 橡胶沥青路面

将废橡胶粉(CRM),如废旧轮胎橡胶粉,以一定的工艺和方法加入到沥青混凝土中,铺筑的路面称之为橡胶沥青路面(asphalt rubber,AR),图3-6即为普通沥青路面及橡胶沥青路面的示意图。

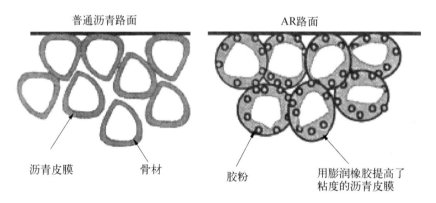

图3-6 普通沥青和橡胶沥青路面示意图

橡胶沥青路面对噪声的影响主要在于对噪声源的消减作用和对噪声的吸收作用。

橡胶沥青路面中高弹性的橡胶粉是一种本征阻尼较大的高分子复合材料,它可使路面具有吸收轮胎振动和冲击的作用,因而有效降低路面的振动噪声。

橡胶粉掺入沥青混凝土,既改变了沥青的性能,又改变了骨料的成分。橡胶粉的掺入可以使沥青的弹性恢复能力提高 20% 左右,同时可使混凝土的孔隙率得以适当提高,除增强了其对噪声的吸收和反射外,还加强了其对空气压力变化的适应能力,从而能有效降低交通噪声。

3) 沥青玛蹄脂碎石路面(stone matrix asphalt,SMA)

为了抵抗带钉轮胎对路面的磨耗,而在浇注式沥青混凝土的基础上增加碎石用量而发展起来的产生在 20 世纪 60 年代的德国,以后逐渐推广应用到公路和城市道路。欧美许多国家,如荷兰、瑞典、挪威、捷克、美国等铺筑了相当数量的 SMA 路面。日本近年来对 SMA 进行了研究,他们尤其认为 SMA 适合于用作桥面铺装材料。

SMA 是由沥青玛蹄脂填充碎石骨架组成的骨架嵌挤型密实结构混合料,其具有优良的抗车辙性能、低温抗裂性、耐久性和抗滑性能,而且该路面在降低轮胎/路面噪声方面也有很好的表现,与普通水泥路面相比,可降低噪声5 dB。

SMA 路面的降噪机理:SMA 属断级配骨架密实型沥青混合料,其降低轮胎/路面噪声的机理主要在于衰减轮胎振动和路表纹理排泄空气泵噪声两方面。衰减轮胎振动的能力主要与路面材料的动态模量和内部阻尼有关。路面材料的内部阻尼越大,动态模量越小,则轮胎/路面系统的衰减系数和阻尼系数越大,而轮胎/路面系统模态加速度幅值减小。因此,SMA 路而在衰减轮胎振动方面较一般路面有明显的优势,其机理可称为阻尼减振降噪机理。此外,轮胎/路面的接触噪声与路表面的纹理特性有重要的关系。研究表明,随着纹理构造波长的减小和波幅的增加,声学效果更好,因为这种构造为接触区的空气运动提供了自由通道,即可以降低轮胎的空气泵噪声。SMA 混合料粗集料多,所用石料质量好,路表面构造深度大,使得 SMA 路面具有良好的宏观构造,赋予了 SMA 路面吸收衰减轮胎/路面空气泵噪声的性能。

4) 超薄沥青混凝土路面

超薄沥青混凝土路面是一种小粒径、多碎石沥青混合料,一般的摊铺厚度为 2.0~2.5 cm。其特点是具有发达的路表面负纹理(单位面积内表面的构造数量)。路面接触噪声一方面通过路表面的构造深度和空隙减少泵气噪声,另一方面通过路表面纹理的多次反射,达到衰减、消耗噪声能量的作用。这种沥青混合料具有抗滑性能好、行车噪声低的特点,是一种很有应用前景的高等级

129

公路的抗滑表层形式。

5）多孔弹性路面

多孔弹性路面（PERS）是指在沥青混合料中掺入橡胶颗粒，并由聚氨酯树脂固结而成，其空隙率为 30%～40%。这种路面除具有多孔性之外还具有弹性，其降噪性能明显优于排水性沥青路面。为进一步提高道路的降噪能力改善交通环境，日本首次引入了作为低噪声路面。

多孔弹性路面的降噪机理主要归功于多孔吸声材料的多孔吸声、共振吸声和橡胶材料的料阻尼减振降噪效果。由于 PERS 的施工技术复杂，造价高，目前仍处于试验研究阶段。

由于交通噪声对环境的负面影响愈来愈受到社会各界的重视，噪声污染作为四大环境公害之一，必须得到有效的控制。按照国外公路建设发展的规律，投入到噪声污染治理的资金随路网建设的规模化将逐渐增大。任何一种降噪方式在其技术上都有一定的局限性，其实用性也各有千秋，在公路建设的同时加强相关的环保建设，因地而宜的根据实际情况对降噪措施进行技术和经济论证，从而确定符合各地区的最佳降噪方案。

参考文献

［1］钱晓良，刘石明，等.环境材料［M］.武汉：华中科技大学出版社，2006.

［2］杨慧芬，陈淑祥.环境工程材料［M］.北京：化学工业出版社，2008.

［3］张沛商，姜亢.噪声控制工程［M］.北京：北京经济学院出版社，1991.

［4］刘庆丰.水镁石纤维增强的水泥基吸声材料的研制［J］.噪声与振动控制，2008，28（2）：120－122.

［5］徐世勤，王樯.工业噪声与振动控制［M］.北京：冶金工业出版社，1999.

［6］尉海军.闭孔泡沫铝吸声性能的影响因素［J］.中国有色金属学报，2008，18（8）：1487－1491.

［7］齐共金.泡沫吸声材料的研究进展［J］.材料开发与应用，2002，17（5）：40－44.

［8］钟祥璋.泡沫铝吸声板的材料特性及应用［J］.新型建筑材料，2002（8）：51－53.

［9］傅雅琴.玻璃纤维织物/聚氯乙烯复合材料隔声性能［J］.复合材料学报，2005，22（5）：94－99.

［10］方前锋.高阻尼材料的阻尼机理及性能评估［J］.物理，2000，29（9）：541－545.

［11］刘巧宾.IPN 压电阻尼材料的研究进展［J］.弹性体，2007，17（5）：62－65.

［12］万勇军.高分子阻尼材料进展［J］.材料导报，1998，12（2）：43－47，33.

[13] 邓华铭. 锰基高阻尼合金的研究进展[J]. 金属功能材料, 2000, 7(2): 1-5.

[14] 张人德. 减振降噪阻尼材料及其应用[J]. 上海金属, 2002, 24(2): 18-23.

[15] 何慧敏. 压电陶瓷/聚合物基新型阻尼复合材料的研究进展[J]. 材料导报, 2008, 22(1): 41-44.

[16] 成国祥. 锆钛酸铅/高分子复合膜的吸声特性[J]. 高分子材料科学与工程, 1999, 15(3): 133-135.

[17] 蔡俊. PZT/CB/PVC 压电导电高分子复合材料的吸声机理[J]. 高分子材料科学与工程, 2007, 23(4): 215-218.

[18] 刘秀娟. 控制交通噪声声屏障的发展历程及发展趋势[J]. 中国科技信息, 2007(22): 78-79.

[19] 程军. 城市轨道交通噪声及其防治措施[J]. 铁道建筑, 2008(12): 116-118.

[20] 刘惠玲. 环境噪声控制[M]. 哈尔滨: 哈尔滨工业大学出版社, 2002.

[21] 胡广曼. 高速公路声屏障的研究进展[J]. 中国建材科技, 2008(2): 5-8.

[22] 刘宏丽. 降低城市轨道交通噪声的有效方法——声屏障[J]. 林业科技情报, 2008, 40(3): 49.

[23] 赵洪志. SMA 路面降噪机理分析[J]. 公路与汽运, 2009(1): 64-67.

[24] 朱水坤. 低噪声路面类型及其适用性分析[J]. 公路交通科技(应用技术版), 2007(2): 64-68.

[25] 文兴. 道路铺筑材料——橡胶沥青[J]. 现代橡胶技术, 2006(4): 31-35.

[26] 曹荷红. 橡胶粉沥青路面的降噪特性分析[J]. 北京工业大学学报, 2007, 33(5): 455-458.

第4章 电磁污染防护材料

随着电子技术的广泛应用,特别是广播、电视、通信、家用电器等成为家庭的必备以后,引起室内电磁辐射水平急剧提高,电磁污染这一人们看不见、闻不到、听不着的"隐形杀手"已经引起人们的普遍关注。

4.1 电磁污染及其来源

所谓电磁辐射污染,是指人类使用产生电磁辐射的器具而泄漏的电磁能量流传播到社区的室内外空气中,其量超出本底值,且受其性质、频率、强度和持续时间等综合影响而引起该区居民中一些人或众多人的不适感,并使健康和福利受到恶劣影响。

电磁辐射按其来源分为天然和人工两种。天然的电磁污染是某些自然现象引起的,如来自太阳热辐射、地球热辐射、宇宙辐射和雷电等;人工电磁辐射是人们所研制、开发的各种电子设备,通过其电源线、天线、控制线、信号线以及设备内部的元器件,以不同途径向外界空间辐射和泄漏电磁能量,对环境造成电磁辐射污染,主要有广播、电视、雷达、各种理疗机及微波通信等。天然电磁辐射较人工电磁辐射水平低很多,可忽略不计。人工电磁辐射水平近年来在许多国家和地区急剧增多,形成了严重的电磁污染。

一般认为电磁污染有三种危害,即对人体健康的危害、干扰危害和引爆引燃的危害。在20世纪50年代科学家就发现从事微波工作的人员在无防护的条件下工作半年以上,白内障的发病率明显增高。美国环境保护委员会的调查研究认为,如果妇女妊娠初期睡在电热毯上,其所产生的工频电磁场对胎儿生长发育不利,其中患脑瘤的机会增加4倍。世界卫生组织认为,在众多的污染因素中,电磁辐射的威胁最大。电磁辐射污染对人体健康的损害主要有三种类型：对人体的直接致病性损害，电磁辐射作用于人体所表现的急性、亚急性及慢性健康损害，即"电磁辐射公害病"，是心血管病、糖尿病、癌突变等疾病的主要诱因之一；通过母体致使胎儿受电磁辐射损害而发生先天性异常，可直接影响儿童骨骼发育，导致视力下降、视网膜脱落、肝脏造血功能下降等；导致遗传物质发生突变，使生殖功能下降，诱发孕妇流产、不育、畸胎等病变。

电磁辐射对电磁敏感设备、仪器仪表均会产生干扰。在空间传播的电磁波可以引起敏感设备的电磁感应和干扰电磁噪声。电磁干扰被称作无线电的大敌。无线电通信需要一定的信号噪声比，电磁干扰大，信噪比就会下降，使无线电通信距离变短。为保证一定的通信距离，只好增大发射机功率，以保证接收机所需要的信噪比。面对这种状况，人类可能会陷入"发射机功率增大和数量增多→电磁干扰场强增大→信噪比下降→再次增大和增多发射机功率和数目"的恶性循环。电磁干扰危害的加剧，可能会刺激发射机功率和数目竞赛，复又导致更严重的电磁污染。另外，共用一个电源或其他产生干扰波的设备与干扰设备共用一个电源时，或它们之间有电器连接时，干扰波就可通过电源线传播而形成干扰。

电磁辐射会引燃引爆，特别是高电磁场强作用下引起火花而导致可燃性油类、气体和武器弹药的燃烧与爆炸事故。一些可燃性油类或者是可燃性气体在某些场所常发生燃烧或爆炸的原因之一便是其周围有较强大的电磁辐射，从而引起金属感应电压。当金属器材接触或碰撞时，便会发生金属打火，于是引起可燃性气体、油类的燃烧乃至爆炸。

目前，避免电磁波辐射常采用的防护措施是采用电磁波屏蔽材料和电磁波防护材料，本章主要介绍这两种材料在电磁污染防护中的应用。

4.2　电磁波屏蔽材料

电磁屏蔽的基本原理为：采用低电阻的导体材料，并利用电磁波在屏蔽导体表面的反射和在导体内部的吸收以及传输过程中的损耗而产生电磁能量的衰减作用。

屏蔽材料对空间某点的屏蔽效果通常用屏蔽效能（shielding effectiveness，SE）表示：

$$SE = 20 \lg \frac{E_0}{E_1} \qquad (4-1)$$

或

$$SE = 20 \lg \frac{H_0}{H_1} \qquad (4-2)$$

式中：E_0、H_0 为无屏蔽时某点的电场强度或磁场强度；E_1、H_1 为安放屏蔽体后同一点的电场强度或磁场强度。SE 在 $0\sim10$ dB 的材料几乎没有屏蔽作用；SE 在 $10\sim30$ dB 的材料有较小屏蔽作用；SE 在 $30\sim60$ dB 时材料具有中等屏蔽作用，可用于一般工业或商业电子设备；SE 在 $60\sim90$ dB 的材料，屏蔽作用较好，可用于航空、航天以及军用仪器设备的屏蔽；SE 在 90 dB 以上时，材料的屏蔽作用最佳，适用于要求苛刻的高精度、高敏感度产品。

Schelkunoff 电磁屏蔽理论认为，电磁波传播到屏蔽材料表面时，衰减机理有三种：① 空气-屏蔽体界面的阻抗不连续性，对入射电磁波产生反射衰减；② 未被表面反射而进入屏蔽体内的电磁波被屏蔽材料吸收产生的衰减；③ 进入屏蔽体内未被吸收衰减的电磁波到达屏蔽体-空气界面时因阻抗不连续性被反射，并在屏蔽体内部发生多次反射衰减。屏蔽体对入射电磁波的总屏蔽效能 SE 由下式确定：

$$SE(\text{dB}) = SE_R + SE_A + SE_B \qquad (4-3)$$

式中：SE_R 为材料对电磁波的反射损耗；SE_A 为材料对电磁波的吸收损耗；SE_B 为电磁波能量在屏蔽材料内部的多次反射损耗。材料的电导率、厚度、介电常数、介电损耗、磁导率都是材料屏蔽效果的影响因素。

电磁波屏蔽材料主要是指对入射电磁波有强反射的材料，主要有金属电磁屏蔽涂料、导电高聚物、纤维织物屏蔽材料。本节主要介绍复合型高分子导电涂料、碳纳米管/PET 纤维导电复合材料、镀银铜粉系导电涂料、纤维类复合材料以及泡沫金属类屏蔽材料。

4.2.1　复合型高分子导电涂料

复合型高分子导电涂料是以高分子聚合物为基体加入导电物质，利用导电物质的导电作用使涂层电导率满足要求。复合方法可在高分子材料内部添加导电性材料粉末或者纤维,也可在非导电基质上形成导电表面层而构成高分子导体。这种导电性复合高分子材料主要应用于电气、电子设备的电磁屏蔽。该复合材料既具有导电功能,同时又具备高分子聚合物的许多优异特性,可以在较大范围内根据使用需要调节涂料的电学和力学性能,且成本低,简单易行,因而获得广泛的应用。

　　复合型导电涂料是由高分子聚合物、导电填料、溶剂及助剂等组成。导电性复合高分子材料的制备方法包括混合压制成型法、混合熔铸法和真空镀膜法等。此类复合导电材料的导电机理主要有两种观点,其一认为是填充材料在基体中构成网状的连续导电通路;其二是认为在导电微粒之间距离足够小时构成所谓导电"隧道",其证据是在电子显微镜下观察到绝大多数导电微粒并未接触。导电高分子材料的屏蔽效果与导电填料、基质的性质、形态,导电填料在聚合物基体中的填充量和分散程度等密切相关。

　　导电填料是复合型导电涂料的导电载体,导电填料的选择主要是根据需要选择合适的种类、形状和用量。常用的导电填料包括金、银、铜、镍等金属粉末,炭黑、石墨等碳系填料,金属氧化物系填料、复合填料以及导电玻璃纤维等。金粉的导电性最高,化学稳定性好,但价格较贵;银粉的导电性也很优良,配胶后易沉淀,有"迁移"现象;铜、镍的性能与银相近,价格比银低得多,但易氧化,导电性不稳定,配胶的耐久性差;炭黑、石墨粉末作为导电填料,其分散性好,价格低廉,但导电性较差;金属氧化物系导电填料主要有氧化锡、氧化锌、氧化钛、铁氧体等,因其电性能优异、颜色浅,较好地弥补了金属导电填料抗腐蚀性差和碳系填料装饰性能差等缺陷,近年来得到迅速发展;复合导电填料是以质轻、价廉、色浅的材料为基质,通过表面处理在基质表面形成导电性氧化层或用半导体掺杂处理而得到一类具有导电功能性的半导体填料,可以降低填料成本,提高涂料的导电性能和装饰性能;导电玻璃纤维是利用化学镀工艺在玻璃纤维上沉积金属层所制备,具有导电性好、易于与树脂结合、强度高、价格便宜等特点,在涂料中具有很好的应用前景。

　　在填料种类、含量一定的情况下,导电涂料的导电性能主要取决于填料在聚合物中的分散状态。一般要求导电填料具有良好的分散性,必要时可引入表面活性剂以确保涂层的综合性能得以发挥,只有当导电性填料在整个涂料体系中形成网络状或蜂窝状结构时才能保证良好的导电性能。

4.2.2 碳纳米管/PET 纤维导电复合材料

碳纳米管(CNTs)自从 1991 年被发现以来,以其特有的力学、电学和化学性能以及独特的准一维管状分子结构及其所具有的诸多潜在应用价值,迅速成为化学、物理及材料科学领域的研究热点。碳纳米管的 C—C 共价键链段结构与高分子链段结构相似,能通过配位键作用与高分子材料进行复合,碳纳米管又具有优良的力学、电学等性能,将两者复合能获得具有较高强度或导电性能优良的纳米复合材料。由于碳纳米管的表面积很大,碳管间的自聚集作用非常显著,使得其在聚合物中的分散比较困难,通过与碳纳米管复合来制取导电性高分子材料时,提高碳纳米管在高分子基材中的分散均匀程度是至关重要的。超声波分散、机械搅拌、加入表面活性剂、对碳纳米管表面进行化学修饰等手段都曾被用于碳纳米管的分散。图 4-1 所示为不同含量碳纳米管在

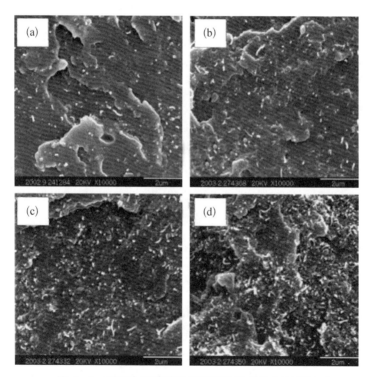

图 4-1　不同含量的碳纳米管在涂料中的分布状况

(a) 质量分数 0.5%　(b) 质量分数 2%　(c) 质量分数 4%　(d) 质量分数 10%

碳纳米管/PET 纤维导电复合材料中的分散状况。图 4-2 所示为碳纳米管含量与碳纳米管/PET 纤维导电复合材料电导率的关系。由图可见,复合材料的导电率随着碳纳米管含量的增加而增加。

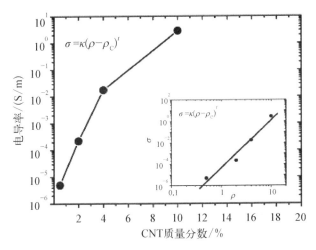

图 4-2　碳纳米管含量与碳纳米管/PET 纤维
导电复合材料电导率的关系

　　根据导电通路学说及隧道跃迁理论,导电粒子相互接触构成的导电网络是复合材料能够导电的重要原因。而且,只要导电粒子之间的距离接近到载流子(电子或空穴)能够发生隧道跃迁效应,就可以认为导电粒子是相互接触的。CNTs 是典型的一维量子线,导电性很好,电阻率为 $10\ \Omega\cdot\text{cm}$。环氧树脂的电阻率为 $10^{10}\sim10^{17}\ \Omega\cdot\text{cm}$,是绝缘材料。将 CNTs 添加到环氧树脂中,制成环氧树脂/CNTs 复合材料,CNTs 在复合材料中有可能构建良好的导电通道,从而改善复合材料的导电特性。当复合材料中 CNTs 质量分数较少时,CNTs 彼此不能搭接形成连续网络,自由电子很难在复合材料中移动,复合材料表现出高电阻率特性;随着 CNTs 含量的增加,CNTs 彼此搭接形成连续的通道或导电微区,自由电子便容易通过 CNTs 形成导电网络,或在导电微区间跳跃运动,复合材料的导电性激增,电阻率下降;随 CNTs 含量的进一步增加,CNTs 彼此搭接形成的网络更为完整,导电微区间隙变得更小,导电性也就急剧提高。但 CNTs 含量继续增加,当超过了一定数量的导电网络后,CNTs 对导电性能的增强作用便趋于平缓。

4.2.3　镀银铜粉系导电涂料

在常用的金属填料中,铜的导电性和价格均优于镍,又不存在银粉在涂层中因"银迁移"而影响涂层性能的问题,在导电胶、导电涂料、电极材料等领域广泛应用。但是微细铜粉比表面积大,化学性质活泼,在空气中易发生氧化,且生成的铜氧化物不具有导电性,使得铜粉的导电能力大大降低。因此,如何防止铜粉被氧化,是铜粉应用研究的关键问题。目前,防止铜粉氧化的方法主要有以下三种:一是用缓蚀剂处理,包括磷化处理、硅烷偶联剂处理等。经过处理后,在铜粉表面形成一层致密的保护膜,提高了铜粉抗氧化性,但由于这层保护膜较厚,且绝缘,使涂层导电性降低;二是用还原剂处理,还原剂一般使用胺、醛等含有活泼氢的物质,但是经过处理后,铜粉的导电性及导电稳定性差;三是采用较不活泼的金属在铜粉表面进行镀覆,如金、银等。铜粉镀银是目前防止铜粉氧化、提高其热稳定性最好的方法。这是由于银不易氧化,有很高的热稳定性,因此,可以得到在高温下能稳定存在的铜粉。另外,银有良好的导电性,因而使用镀银铜粉末比使用单一铜粉末的导电性有所提高。该复合型导电涂料的性能与镀银铜粉镀层结构、银铜粉含量及其形貌以及不同形状导电填料配用等因素有关。

4.2.4　纤维类复合材料

纤维类复合材料包括复合导电纤维和金属化织物两类。复合导电纤维是利用化学镀、真空镀、聚合等方式,使金属附着在纤维表面上形成金属化纤维,或在纤维内部掺入金属微粒物质,再经熔融抽成导电性或导磁性的纤维。金属化织物是利用金属纤维与纺织纤维相互包覆,或在一般纺织品表面上镀覆金属物质以制造具有金属光泽、导电、电磁屏蔽等功能的金属化织物,同时还保持纺织品原有的柔软性、耐弯曲、耐折叠等特性。

曾炜通过超声波辅助化学镀镍的方法得到镀镍聚对苯二甲酸乙二酯(PET)纤维,如图 4-3 所示。利用此工艺,可实现镍镀层在纤维表面的均匀沉积,且镍层表面比较平整、致密、均匀,与纤维之间有很好的结合力。其研究结果表明,镀镍 PET 纤维具有明显的电磁屏蔽效果。在低频时,材料的屏蔽效果主要来源于反射,导电性越好,反射越强;而高频时,屏蔽效率主要取决于

图 4-3　纤维表面镍镀层

电磁波在材料内部传播时的吸收损耗。当纤维填充量为 3% 质量分数时,填充环氧树脂所得的复合材料的电磁屏蔽性能比较低,在 5~10 dB 以内;而纤维填充量达到 5% 质量分数时的复合材料,其电磁屏蔽效果要好得多,在频率为 900 MHz 左右时可以达到 34.34 dB,如图 4-4 所示。

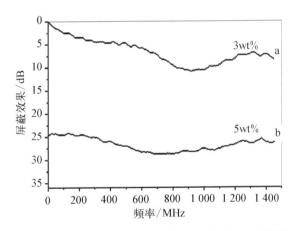

图 4-4　纤维含量质量分数为 3%、5% 的镀镍 PET 纤维填充
环氧树脂复合材料在不同频率时的屏蔽效果

4.2.5　泡沫金属类屏蔽材料

泡沫金属是一种金属基体中含有一定数量、一定尺寸孔径、一定孔隙率的

金属材料。通常将闭孔结构的金属泡沫材料称为胞状金属,将孔隙率大于45%~90%的开孔金属泡沫材料称为多孔金属,孔隙率大于90%的开孔金属泡沫材料即为狭义范围的泡沫金属。泡沫金属是近几十年发展起来的一类新型多功能结构材料。与传统的屏蔽材料相比,其屏蔽效能高,能满足理想的精密仪器和设备的屏蔽需要;孔隙全部连通的泡沫铜或泡沫镍,其透气散热性好、密度低、比金属网的屏蔽性能高得多、体积小且轻便,更适合于移动设备的使用。

按照工艺技术的特点,泡沫金属材料的制备方法主要分为固态金属烧结法、液态金属凝同法和金属沉积法三类。

1) 固态金属烧结法

该烧结法主要包括金属中空球烧结法,金属粉末烧结法和浆料烧结法等。金属中空球烧结法是通过将金属中空球烧结,使之扩散结合而制造泡沫金属的方法。此方法制造的泡沫金属材料兼有开孔和闭孔。金属中空球可通过在球型树脂表面上化学沉积或电沉积一层金属,然后将树脂除去;或将树脂球和金属粉一同混合,随后烧结使金属粉结合,同时树脂球挥发这两种方法制备。

金属粉末烧结法又叫粉末冶金法,是用金属粉末原料,经成形和烧结制造泡沫金属材料、复合材料及各种类型制品的工艺过程。采用此法制出的泡沫金属具有透过性能良好、孔径及孔率可调、比表面积大、耐高温和低温等特点。

浆料烧结法则是利用金属粉末、发泡剂和某些反应添加剂配成浆料,然后混入模具中进行加热,由于添加剂和发泡剂的作用,浆料黏度增加,并产生气体开始膨胀。在烧结完全后完全干燥,便可得到具有较大强度的泡沫金属。

2) 液态金属凝固法

液态金属凝固法主要包括金属熔体发泡法、渗流铸造法和熔模铸造法等。金属熔体发泡法其原理是将熔融金属的黏度调节合适后,加入发泡剂,然后加热使发泡剂分解释放出气体,气体由于受热膨胀从而推动起泡过程,引起熔体的直接发泡,经冷却后即可形成泡沫金属。优点是工艺简单、成本低廉,适合大多数的工业生产。

渗流铸造法是将无机颗粒甚至有机颗粒或低密度中空球直接堆积置于铸模内,或制成多孔预制品后放入铸模内,然后在这些堆积体或预制体的孔隙中渗入金属熔体进行铸造,除去预制型的占位体即得到多孔金属材料。

熔模铸造法的工艺过程是将具有通孔结构的泡沫塑料加入到一定几何形状的容器中,然后充入有足够耐火性能的浆料,风干、硬化后进行焙烧使得泡沫海绵热分解除去形成复现原泡沫塑料网状结构的预制型。随后在预制型中浇入熔融态金属,经过冷却固化后采用合适的方式,除去壳体材料,最后得到再现原聚合物海绵结构的泡沫金属材料。

3) 金属沉积法

喷射夹气沉积法是在一定惰性气体分压下,采用阴极喷射的方法在基体材料上沉积出夹杂惰性气体原子的金属,然后加热至金属熔点以上充分保温,使夹杂的气体膨胀而产生孔隙,冷却后得到具有闭孔结构的多孔金属材料。

电沉积法则是以金属的离子态为起点,将金属电镀于开孔的聚酯泡沫基体上,然后去除聚合物,而得到泡沫金属,主要过程分基材预处理、导电化处理、电沉积和还原烧结四步。图 4-5~图 4-8 是利用上述方法制备泡沫金属的典型结构。

 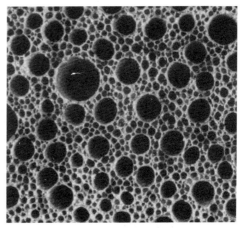

图 4-5 浆料烧结法制备的泡沫金属　　图 4-6 金属熔体发泡法制备的泡沫金属

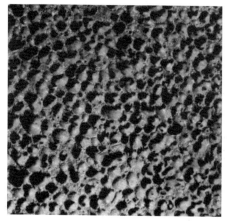
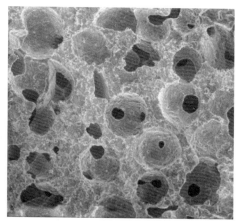

图 4-7　粉末冶金法制备的泡沫金属　　　图 4-8　渗流铸造法制备的泡沫金属

4.3　电磁波吸收材料

电磁波吸收材料指能吸收、衰减入射的电磁波,并将其电磁能转换成热能耗散掉或使电磁波因干涉而消失的一类材料。吸波材料由吸收剂、基体材料、黏结剂、辅料等复合而成,其中吸收剂的主要作用在于将电磁波能量进行吸收衰减。电磁屏蔽不能从根本上消除,只有使用电磁波吸收材料,把电磁能转化为其他形式的能量,才能消耗电磁波。从电磁能量角度出发,如果忽略电磁泄漏等因素的影响,电磁波反射能量 E_r、透射能量 E_t 和吸收能量 E_a 有以下关系:

$$E_0 = E_r + E_t + E_a \tag{4-4}$$

式中:E_0 为入射电磁波总能量;E_a 值越大说明吸波效果越好。要获得性能优良的吸波材料,必须综合考虑电磁阻抗和阻抗匹配两种因素,尤其是材料的介电常数、磁导率和厚度参数。吸波材料的种类很多,吸波功能材料的研究是军事隐身技术领域中的前沿课题之一,其目的是最大限度地减少或消除雷达、红外线等对目标的探测。随着电信业的飞速发展,吸波材料的应用已突破了军事隐形范畴,在消除微波设备使用中的环境干扰或防止微波泄漏、微波暗室吸波材料、抗电磁波干扰遮蔽材料、隐身技术、电磁辐射防护材料等方面都得到了广泛的应用。从广义上讲,吸波材料包括抗电磁兼容材料和微波吸收材料,甚至可延伸到声波和红外线隐身材料领域。按照时间顺序可分为传统吸波材料和新型吸波材料。铁氧体、金属微粉、碳化硅、石墨、导电纤维等属于传统吸波材料;纳米材料、金属铁纤维、导电高聚物等则属于新型吸波材料。

4.3.1　铁氧体吸波材料

铁氧体是氧化物软磁性材料的总称,主要分为尖晶石系、六方晶系和石榴石系三类,吸波机理主要归结为磁滞损耗和自然共振损耗。成分不同的铁氧体其电磁参数亦不同;即使成分相同,其电磁参数也可能因显微组织不同而有所差异。铁氧体吸波材料是研究较多且比较成熟的吸波材料,已广泛应用于隐身技术领域,如 B-2 隐身轰炸机的机身和机翼蒙皮外层都涂敷有镍钴铁氧体吸波材料,其具有吸收强、频带宽及成本低等特点。但以铁氧体为吸收剂的吸波材料也存在一定的缺陷,如高温特性差、涂层厚、面密度较大等。与此同时,各种吸波材料只在厚度匹配的情况下才能对匹配频率实现无反射吸收,电磁参数匹配难度较大,不利于提高吸波性能和扩展吸收频带,从而限制了其应用。

近年来,通过改变铁氧体的化学成分、粒度分布、颗粒形貌、复合物中的混合量和表面处理技术来改善铁氧体的吸波性能成为研究热点之一。Zhang 等利用直流电弧等离子法制备了碳包覆镍颗粒的纳米胶囊,在 2~18 GHz 频段内测试了材料的吸波性能,结果表明复合颗粒具有很好的吸波性能,在 2 mm 的匹配厚度下反射损耗峰值可达 -30 dB。Che 等采用化学气相沉积法制备了 $CoFe_2O_4$ 修饰的碳纳米管复合粒子,在 2~18 GHz 内的吸波结果表明复合粒子的吸波性能比 $CoFe_2O_4$ 或碳纳米管单组分材料的吸波性能大幅度提高。近几年来,化学镀镍磷、钴磷和镍钴磷软磁合金工艺逐渐在吸波材料的研制中受到关注。鉴于六角晶磁铅石型铁氧体和铁磁性软磁金属或合金都是大损耗的磁性电磁波吸收材料,并且两者的电磁性能具有很好的互补性,把两者有效复合起来能创造出软硬磁复合高效吸波剂。潘喜峰制备了钴基金属包覆锶铁氧体复合粉末,并对其吸波性能进行了研究,结果表明锶铁氧体的表面相对比较纯净光滑,而镀覆后的粉末表面明显由很多非常细小的纳米级颗粒组成,表面比较粗糙。研究表明,当合金镀层结构为晶态时,在合适的镀层厚度下复合粉末具有优异的吸波能力,其反射损耗峰值可低于−40 dB,明显低于电、磁复合型核壳吸波材料的−30 dB,显微组织如图4−9所示。

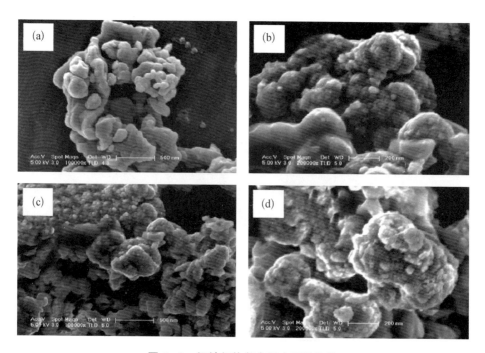

图4−9　锶铁氧体复合粉末显微结构

（a）锶铁氧体　（b）钴磷合金镀液　（c）钴镍磷合金镀液　（d）镍盐相对量增加的钴镍磷合金镀液

4.3.2　陶瓷吸波涂料

陶瓷材料具有优良的力学性能和热物理性能,特别是耐高温、强度高、蠕变低、膨胀系数小、耐腐蚀性强和化学稳定性好,同时又具有吸波功能,能满足隐身的要求,因此已被广泛用作陶瓷吸波涂料的吸收剂。与铁氧体、复合金属粉末等吸波剂相比,陶瓷吸波涂料的密度低、吸波性能较好,还可以有效地减弱红外辐射信号,主要有碳化硅、硼硅酸铝等。在陶瓷吸波材料中,碳化硅是制作多波段吸波材料的重要组分。目前,碳化硅吸波材料的应用形式多以碳化纤维为主,这种吸附剂在强度、耐热和耐化学腐蚀方面性能较好,并且能得到满意的宽频带吸收能力。但是多孔结构对微波具有明显的衰减作用,碳化硅多孔陶瓷将具有更好的吸波效能,如 Zhang 等制备的碳化硅多孔陶瓷(见图 4-10)。该材料的吸波性能受孔径大小、相对密度、相对厚度等影响。

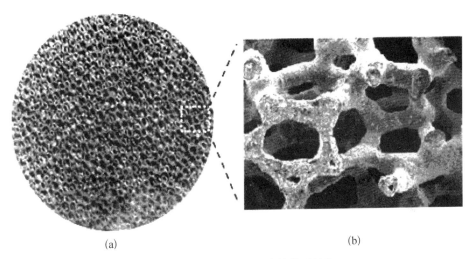

(a)　　　　　　　　　　　　　　　(b)

图 4-10　碳化硅多孔陶瓷的典型结构

4.3.3　纳米吸波材料

纳米吸波材料是指材料组分的特征尺寸在纳米量级(1～100 nm)的材料。就其吸波原理而言,一方面纳米微粒尺寸远小于红外及雷达波波长,纳米微粒材料对波的透过率比常规材料要强得多,从而可显著减小波的反射率;另一方面纳米微粒材料的比表面积比常规粗粉大 3～4 个数量级,对红外光和电磁波的吸收率也比常规材料大得多,这就使得红外探测器及雷达捕获的反射信号强度大为降低,从而对被探测目标起到隐身作用。纳米材料具有小尺寸效应、表面与界面效应和量子尺寸效应,具有许多宏观材料所不具备的特性,如比饱和磁化强度小、磁化率和矫顽力大、界面原子比例高、活性强,具有量子隧道效应等。量子尺寸效应和隧道效应可导致周期边界条件破坏,使纳米材料的声、光、电、磁及热力学特性发生明显的变化,呈现不同于常规材料的特异性能。纳米材料在具有良好吸波特性的同时还具有频带宽、兼容性好、面密度低、涂层薄的特点,是一种很有发展前途的吸波材料。

Toneguzzo 等制备了粒径为 20～250 nm 的 FeCoNi 材料(见图 4-11),对

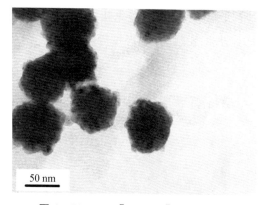

图 4 - 11　$Fe_{0.13}[Co_{20}Ni_{80}]_{0.87}$ 纳米颗粒

其合成工艺、粒度分布、热处理、密度、磁化强度、相结构及动态磁学特性的研究结果表明,该材料在 0.1~18 GHz 之间磁导率虚部有几个共振峰出现,与微米级颗粒有明显区别。

纳米 Fe_3O_4 具有较好的磁性,在信息材料、吸波材料中有着广泛的应用前景。Tang 等制备的粒径均匀,呈立方形的典型纳米 Fe_3O_4 颗粒(见图 4 - 12),具有很高的结晶度,且具有优异的顺磁性能。

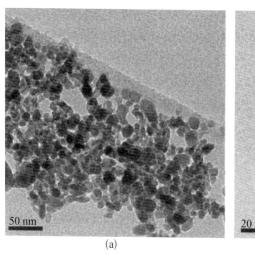

(a)

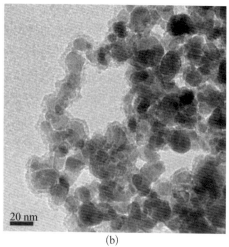

(b)

图 4 - 12　Fe_3O_4 纳米颗粒

参考文献

［1］刘文魁,庞东.电磁辐射的污染及防护与治理［M］.北京:科学出版社,2003.

［2］Zhifei Li,Guohua Luo, Fei Wei, Yi Huang. Microstructure of carbon nanotubes/PET conductive composites fibers and their properties. Composites Science and Technology, 66(7,8):1022 - 1029.

［3］益小苏.复合导电高分子材料的功能原理［M］.北京：国防工业出版社，2004.

［4］李正莉，王煊军，刘祥萱，等.高导电性铜基复合导电涂料的研制［J］.涂料与应用，2006(1)：26‐31.

［5］Xinrui Xu，Xiaojun Luo，Hanrui Zhuang，Wenlan Li，Baolin Zhang. Electroless silver coating on fine copper powder and its effects on oxidation resistance［J］. Materials Letters，57(24,25)：3987‐3991.

［6］袁颖、宋佩维，赵康.微米级镀银铜粉的镀层结构及热稳定性［J］.表面技术，36(1)：11‐13.

［7］梁浩，解芳.镀银铜粉导电填料对复合型导电涂料性能影响的研究［J］.涂料工业，2001(7)：1‐3.

［8］曾炜.导电 PET 纤维的制备及其在电磁屏蔽方面的应用研究［D］.湘潭大学，高分子科学与工程系，2004.

［9］田庆华，李钧，郭学益.金属泡沫材料的制备及应用［J］.电源技术，2008,32(6)：417‐420.

［10］凤仪，郑海务，朱震刚，等.闭孔泡沫铝的电磁屏蔽性能［J］.中国有色金属学报，2004，14(1)：33‐36.

［11］John Banhart. Manufacture，characterisation and application of cellular metals and metal foams［J］. Progress in Materials Science，2001,46(6)：559‐632.

［12］吴明忠，赵振声，何华辉.隐身与反隐身技术的现状和发展［J］.上海航天，1996(3)：36‐42.

［13］沈国柱，徐政，蔡瑞琦.基于铁氧体和碳纤维的双层复合材料吸波性能研究［J］.功能材料，2007,1：19‐23.

［14］高正娟，曹茂盛，朱静.复合吸波材料等效电磁参数计算的研究进展［J］.宇航材料工艺，2004，4：12‐15.

［15］孟建华，杨桂琴，严乐美，等.吸波材料研究进展［J］.磁性材料及器件，2004,35(4)：11‐14.

［16］Zhang X. F，Dong X. L，Huang H，et al. Microwave absorption properties of the carbon-coated nickel nanocapsules［J］. Applied Physics Letters，2006，89 (5)，art. NO. 053115.

［17］Che RC，Zhi CY，Liang CY，et al. Fabrication and microwave absorption of carbon nanotubes $CoFe_2O_4$ spinel nanocomposite［J］. Applied Physics Letters 88 (3)，art. NO. 033105，pp. 1‐3.

［18］潘喜峰.钴基金属包覆锶铁氧体复合粉末的制备和吸波性能研究［D］.上海交通大学材料学院，2008.

［19］Hongtao Zhang，Jinsong Zhang，Hongyan Zhang. Computation of radar absorbing silicon carbide foams and their silica matrix composites［J］. Computational Materials Science，2007,38(4)：857‐864.

[20] Ph. Toneguzzo. CoNi and FeCoNi particles prepared by the polyol process: Physico-chemical characterization and dynamic magnetic properties[J]. Journal of materials science,2000,35: 3767 - 378.

[21] Bing Tang, Liangjun Yuan, Taihong Shi, et al. Preparation of nano-sized magnetic particles from spent pickling liquors by ultrasonic-assisted chemical co-precipitation [J]. Journal of Hazardous Materials,2009, 163: 1173 - 1178.

第5章 其他环境材料

本章介绍用于防止沙漠化的固沙材料及防臭氧层破坏材料。

5.1 固沙材料

沙尘暴天气是我国西北地区和华北北部地区出现的强灾害性天气,可造成房屋倒塌、交通供电受阻或中断、火灾、人畜伤亡等,污染自然环境,破坏作物生长,给国民经济建设和人民生命财产安全造成严重的损失和极大的危害。我国沙漠广袤千里,是世界上受沙漠化严重危害国家之一。荒漠化是当前人类面临的重大全球性生态环境问题,困扰着人类社会的生存和发展。我国的沙漠、戈壁和沙漠化土地面积约为 $165.3 \times 10^4 \, km^2$。20 世纪 50—90 年代,沙漠化速度以 $1\,560 \, km^2/a$ 增加至 $3\,600 \, km^2/a$。广大的沙尘源地为沙尘暴提供了基础。

沙尘暴对人类影响来说有利也有害。就其很长时期的累积效应来说,是它造就了中国的黄土高原和华北平原,造就了中华文明发生发展的条件。而就与其短期的天气和气候来说,则常是严重的自然灾害。自古以来,人们都要想法监测和预测它,还要采取适当的防治措施,以避免或减轻灾害所造成的损失。

5.1.1 沙尘暴成因

李栋梁等利用 EOF(经验正交函数)和环流合成统计方法,分析了我国北方近 40 年来沙尘暴日数变化的时空异常特征及其气候成因。结果表明,20 世纪 80 年代以来的太阳活动加强、全球气候变暖、青藏高原地面加热场强度加强、欧亚西风急流轴北移、西太平洋副热带高压偏北偏西及强度加强、蒙古气旋减弱和西北部的沙尘源区降水增加，是中国北方沙尘暴减少的主要原因。

5.1.2　沙尘的治理

沙漠化治理的关键是防沙固沙。不同的学者对治沙的方法有不同的分类。一种分类方法将治沙方法分为植物制沙、机械沙障和化学方法；另一种则将其分为工程固沙、生物固沙、化学治沙和新型化学治沙。传统的治沙方法虽已在一些地区得到了应用，但是这些防治措施存在成本高、收益低、劳动强度大、施工进度慢等缺陷而没有得到普遍推广和有效实施。近年来，化学固沙和新型化学固沙材料因其高效、廉价、快速、方便和与生物相容性好而日益受到关注。本节主要介绍化学固沙方法以及化学固沙材料。

5.1.3　化学固沙材料

化学治沙法相对较新，具有使流沙于瞬息时间内固定在原地，施工简便快速的优点，因而化学治沙措施的发展将是一个必然的趋势。化学固沙是利用化学材料与工艺，在易于发生沙害的沙丘或沙质土地表面形成固沙、保水的固结层，从而达到控制沙害、提高沙地生产力的目的。对于固沙材料的优劣其评判指标主要为其沙体强度、抗风蚀性能、耐水性、抗老化性、冻融性等性能。

传统的化学固沙材料可分为：水泥浆类、水玻璃类、石油产品类和高分子聚合物高吸水树脂类。而新型化学固沙材料及其技术在考虑固沙效果的同时，更为重视材料制备和使用过程中的生态环境协调性，与传统的化学固沙材料相比，新型化学固沙材料具有更大的发展潜力和实用性。新型化学固沙材料包括：对工农林业副产品进行改性处理的生态环境固沙材料、利用微生物技术的微生物固沙材料和有机-无机合成的复合固沙材料等几大类。

5.1.3.1　传统化学固沙材料

传统的化学固沙材料又分为无机固沙材料和有机固沙材料。

1）无机固沙材料及固沙机理

（1）水泥、石灰。

这两种材料无法直接与沙胶结，只能填充沙漠沙粒间隙的空隙，固结主要靠水的作用。

（2）水玻璃。

采用模数为 2.6～3.5 的钠水玻璃或最佳模数为 3.8～4.0 的钾水玻璃，并以钙盐溶液为增强剂，将水玻璃溶液渗透并填充到沙粒间隙中，其与增强剂发生化学沉淀作用，生成难溶的硅酸钙。其添加有机或无机材料复合固沙效果较好，但这种固沙对空气湿度有一定要求，一般应大于 50%，否则水玻璃会逐渐失水，固结层越来越脆，因此在特别干旱的地区不适用。

2）有机固沙材料及固沙机理

（1）石油类产品。

石油类产品中乳化沥青应用最广泛。沥青喷至沙面后，由于受沙粒的强烈吸附和电性作用，沥青被挡在沙面，形成一个非连续固沙层，由于蒸发作用逐渐变硬，以保护沙面免遭风蚀。

（2）高分子聚合物。

未使用高分子聚合物时，沙粒直接接触，形成空隙架结构，沙粒间没有黏结作用，如图 5-1 所示。当含水时，沙粒间有微弱的毛细管作用吸水而使沙粒连接，但沙子失水后这种作用就会消失。当高分子聚合物溶液渗入沙粒间隙后，无论其在沙粒外围形成连续膜，还是只在某些点与沙粒接触，它都会在分子所用力下吸附在沙粒表面（见图 5-2），待其失水固化后，形成不可逆凝胶而使沙粒牢固的黏结在一起。

图 5-1　加固前沙粒的微观结构形态

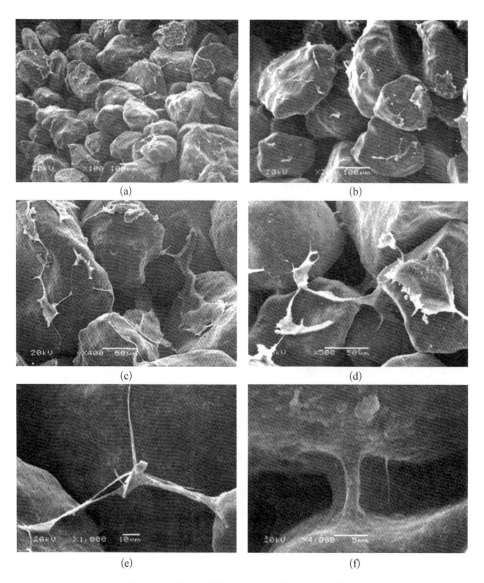

(a)

(b)

(c)

(d)

(e)

(f)

图 5-2　高分子聚合物(SH)固沙后结构形态

5.1.3.2　新型化学固沙材料

1) 生态环境固沙材料

(1) 木质素类固沙材料。

木质素类固沙材料(lignin sand-fixing materials)是将制浆废液经化学改性制备而成的一种新型固沙材料。木质素磺酸盐喷洒在沙土表面后,与表层的沙土颗粒结合,通过静电引力、氢键、络合等化学作用,在沙土颗粒之间产生架桥作用,促进沙土颗粒的聚集,使得表层沙粒彼此紧密结合,形成具有一定强度的致密固结层,从而达到固沙的目的。

(2) 塑料改性类固沙材料。

改性废塑料类固沙材料(modified waste plastic sand-fixing materials)是通过物理和化学方法对废塑料进行改性处理,生成可以用来固沙的环保材料。废塑料用于固沙领域的研究还很少,目前来看,用废塑料制作高吸水性树脂用于固沙是对废塑料进行处理的可行性方法,而对废塑料改性处理的固沙剂进行的野外实验较少,其固沙性能以及成本是否优于其他固沙材料还有待于考证,尤其是此类固沙材料的环境协调性还需要进一步研究。

(3) 栲胶类固沙材料。

栲胶(vegetable tanning extract)为单宁水浸提物的商品名。从化学结构看,单宁可以分为水解单宁和缩合单宁两大类型。而多元酚结构赋予植物单宁一系列独特的化学特性,能与多种金属离子发生络合或静电作用,具有两亲结构和诸多衍生化反应活性。

2) 微生物类固沙材料

微生物类固沙材料(microbe sand-fixing materials)是利用沙漠生物结皮进行人工接种固沙或是从生物结皮中分离出可固沙的细菌,然后将制成的液体菌剂直接用于固沙的新型固沙材料。生物结皮层的胶结机理是藻体选择性地运动到黏土含量较高的微环境中,通过细胞表面高分子多聚糖的物理吸附,与土壤表面的细小颗粒形成错综复杂的网络,同时自由羧基类负电荷基团与基质中金属离子(Ca,Si,Mn,Cu 等)因静电结合而胶结在一起,从而形成有机质层和无机层。

3) 有机-无机复合固沙材料

有机-无机复合固沙材料(organic-inorganic composite sand-fixing materials)

是针对无机固沙材料力学性能差、缺乏保水性等缺陷,通过在无机材料中添加有机组分而形成的一类新型固沙材料。最为常用的有机组分是高吸水性树脂,其特殊的三维空间网络结构使其具有优异的吸水保水性能,同时又能与水泥水化产生的 Ca^{2+}、Al^{3+} 作用,使合成后的材料具有更高的抗折强度、黏结强度、抗冲击性和抗疲劳度。

5.1.4　化学治沙材料展望

　　无论采用何种固沙材料,最终要解决的问题是在为植物生长创造良好水土环境的同时,永久性地改善生态环境,形成自然生态圈。化学治沙虽然有各种优点但是存在使用后期的处理问题,因此固沙材料的可降解以及降解速率的控制等问题亟须解决。可部分降解的有机-无机复合固沙材料的开发能够同时既能利用工农业副产品变废为宝,又能在使用后营造出良好的生态环境,因此具有重要的现实意义,必将对沙漠治理带来深远的影响。

5.2　防臭氧层破坏材料

　　根据资料统计,2003 年臭氧空洞面积已达 2 500 万平方公里。臭氧层被大量损耗后,吸收紫外线辐射的能力大大减弱,导致到达地球表面的紫外线明显增加,给人类健康和生态环境带来多方面的危害。据分析,平流层臭氧减少 1‰,全球白内障的发病率将增加 $0.6\%\sim0.8\%$,即意味着因此引起失明的人数将增加 1 万到 1.5 万人。而臭氧层是保护生物体免遭紫外线伤害的天然屏障,如果遭到破坏或减少将会使整个生物圈出现危险,还会引起天气和气候的变化。并且越来越多的证据表明,普遍使用氯氟烃(CFCs)物质是造成臭氧层变薄的主要原因。

5.2.1　氯氟烃类物质概述

　　氯氟烃(CFCs)是氟利昂中一类含氯氟的烃类化合物,主要是三氯氟甲烷(CFC-11)和二氯二氟甲烷(CFC-12),主要应用于家用电器产品、建筑隔热材料、管道保温材料、电器隔热材料、冷冻冷藏柜、橱柜、太阳能隔热容器、海绵、汽车配件、聚苯乙烯和聚乙烯挤出发泡板材片材等生产中的制冷剂、发泡剂。

科学研究发现CFCs具有极高的化学稳定性,在大气中的平均寿命达数百年,不易分解破坏,滞留在大气层中,其中大部分停留在对流层,小部分升入平流层。在对流层的氯氟烃分子很稳定,几乎不发生化学反应。但是,当它们上升到平流层后,会在强烈紫外线的作用下被分解上升到同温层,在紫外线作用下发生光分解,氯氟烃离解出氯原子,然后同臭氧发生连锁反应(氯原子与臭氧分子反应,生成氧气分子和一氧化氯基;一氧化氯基不稳定,很快又变回氯原子,氯原子又与臭氧反应生成氧气和一氧化氯基),不断破坏臭氧分子。其化学反应机理如下(以二氯二氟甲烷CFC-12为例):

$$CF_2Cl_2 \longrightarrow CF_2Cl + Cl \qquad (5-1)$$

自由基链反应:

$$Cl + O_3 \longrightarrow ClO + O_2 \qquad (5-2)$$

$$ClO + O \longrightarrow Cl + O_2 \qquad (5-3)$$

臭氧在紫外线作用下:

$$O_3 \longrightarrow O_2 + O \qquad (5-4)$$

$$总反应:O_3 + O = 2O_2 \qquad (5-5)$$

如此周而复始,结果一个氯氟利昂分子就能破坏多达10万个臭氧分子,其破坏威力之大引起了科学界的普遍关注。因此,世界各国陆续涌现出了许多CFCs的替代品。在第一阶段,为了寻找这些产品的替代品,研究主要集中在含氯原子(HCFCs)的产品上。然而HCFC作为过渡性替代,最终还是要被淘汰的。《关于消耗臭氧层物质的蒙特利尔议定书》规定缔约国在2003年以前淘汰CFC11和CFC113的过渡性替代品HCFC141b,在第二阶段,主要研究不再含氯的产品氢氟碳化物(HFCs)上。因而作为CFC11和CFC113的最终替代品HFC245fa的研制被提到了日程之上。

5.2.2 氯氟烃替代材料

鉴于氯氟烃对环境造成的危害,科学家们努力寻找一种既具有氯氟烃良好的制冷、发泡作用，又无毒无害的替代品。

5.2.2.1　含氯氟烃制冷剂替代材料

在制冷设备与空调的生产领域中，80％以上的制冷系统采用蒸汽压缩制冷的方法。蒸汽压缩制冷所用的传统制冷剂，大多为氯氟烃，它们不仅破坏大气臭氧层而且还会产生严重的温室效应，已经或即将被禁止使用。研究取代传统制冷剂，对于保护人类的生存环境具有重要的意义。一套完善的制冷剂替代品必须首先满足环保要求：不能含有氯原子，对消耗臭氧系数 ODP（破坏臭氧潜能）和 GWP（全球变暖潜能）为零。其次是热力学要求：替代品应与原制冷剂有近似的沸点、热力学特性及传热特性。最后是生理要求：具有无毒、无味、无燃烧爆炸的特点。

开发制冷剂的替代品，主要有以下几种途径：

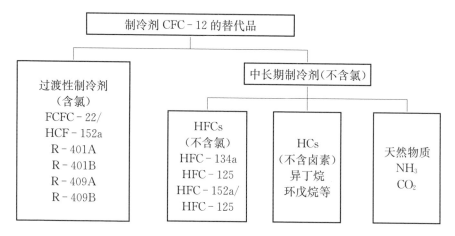

（1）HCFCs 类物质，即含有氯氟氢碳的化合物，如 $HCFC-22(CHC_1F_2)$、$HCFC-141b(CH_3CC_{12}F)$、$HCFC-142b(CH_3CC_1F_2)$ 等。虽然不危害臭氧层，也被部分人士称为"绿色"制冷剂，但却是一种强效温室气体。因此只能作为中间替代物质而最终被淘汰。

（2）HCFs 类物质，即含有氟氢碳的化合物，如 HFC-134a、HFC-152a、HFC-125 等。此类物质在大气中的寿命短，无氯，不能光解出氯自由基，因此对臭氧无破坏（ODP 值为 0），所以此类化合物可以作为长期的替代品。尽管此类化合物的 GWP 值不为 0，但是在将来的一定时期内，都是 CFCs 最有前途的替代品。

（3）HFCs 和 HCFCs 混合物，因为含有 HCFCs，所以也只能作为一种过渡性的替代品。

（4）HFs 类物质，即碳氢化合物，如异丁烷、环戊烷、二甲醇等。此类化合物的 ODP 为 0，GWP 值较低，但是由于具有可燃性，在使用上受到一定限制，在技术开发和安全设计上要求较高。

（5）天然制冷化合物，即 R700 系列，如 R717（NH_3）、R744（CO_2）、R718（H_2O）等。NH_3 是一种传统的制冷剂，优点是 GWP 值和 ODP 值都是 0、价格低廉、传热性能好、能效高，但是其毒性高、与某些材料不兼容等问题，使用受到限制作为制冷剂，对环境没有任何破坏，但是需要开发适宜低压水蒸气的制冷压缩机；CO_2 的 ODP 值为 0、GWP 值为 100、无毒、不燃烧、无腐蚀性、容积制冷量大，但是其临界温度低（31.1℃），能效低，系统要求的压力高，更关键的问题是需要开发出和传统设备同样高性能的制冷系统。

5.2.2.2　含氯氟烃气雾制品替代材料

气雾剂作为众多药物剂型中的一个分支，具有分布均匀、奏效快、使用方便、剂量小等特点，经过多年来的发展，现已广泛为人们所接受。传统的气雾制品采用含氯氟烃作为抛射剂。但由于 CFC 对大气臭氧层的破坏作用，近年来其应用受到了限制，国内外都在积极寻找 CFC 代用品，相继出现了无氯氟代烷烃如四氟乙烷，七氟丙烷等。由此也促使不含 CFC 的新型肺部药物传递系统取得了重大发展。目前，抛射剂代用品总体上分为三类：① 烷烃及其卤化物，如丙烷、正丁烷、异丁烷、正戊烷、氟代烷烃等；② 二甲醚；③ 压缩气体，如二氧化碳、氧化二氮、氧气、氮气等。烷烃类气体是目前国内外广泛使用的抛射剂。

在 MDI 制剂的未来应用中淘汰 CFC 是不可避免的。目前，科技工作者在这方面做了大量的工作，已有部分替代产品问世，其中有些已应用于临床，显示了可喜的前景，但是替代品种还比较有限，相信不久的将来，药用气雾剂中的新型抛射剂将会不断涌现，以满足临床用药的需要。

5.2.2.3　含氯氟烃发泡剂替代材料

聚氨酯合成材料以其优异性能著称于世，全世界年产量约 700 万吨，其用途广泛、性能优良、发展迅速。对聚氨酯泡沫来说，氯氟烃（CFC - 11）是重要的物理发泡剂，它既降低了泡沫密度，又可吸收异氰酸酯和水反应放出的一部分热量,防止泡沫焦化,赋予泡沫优良的性能。目前使用的替代品有:二氯甲烷、戊烷、HCFC-14b、液态 CO_2 及氢氟碳化合物(HFCs)。二氯甲烷毒性很大,在有些国家也被限用。HCFC-141b 只是 CFC-11 的短期代用品,因为它还是能破坏大气臭氧层,尽管比 CFC-11 小得多,但最终仍然会被禁用。液态 CO_2 发泡设备成本很高。HFCs 在室温下是气态,而且价格高尚未被采用。有研究采用新型聚醚多元醇体系全水发泡代替 CFC-11,取得了较好的效果。PU 软质泡沫生产中主要以 HCFC-141b、HCFC-22 作为过渡产品,但更理想的替代物质应为 HFC-245fa 和 HFC-365mfc。

HFC245fa 作为氟利昂 CFC11 的最佳替代品,在工业领域中被广泛地用作发泡剂、制冷剂、清洗剂、推进剂等。

当前,HFC-134a 已经广泛应用于汽车空调、家用冰箱以及工商制冷行业,代替 CFC-12。HFC-125 也可广泛应用于发泡剂、推进剂、灭火剂,而且是二元、三元混合制冷剂的组成成分。随着 HFC-125 产品的应用范围逐渐拓宽,各种生产 HFC-125 的工艺技术研究正在深入,目前 HFC-125 在国内外正逐渐成为开发热点。

党在"十七"大报告提出:"建设生态文明,基本形成节约能源资源和保护环境的产业结构、增长方式和消费模式","要使生态文明观念在全社会牢固树立"。十七大报告首次提出生态文明建设,是我党科学发展、和谐发展理念的一次升华。人与自然的和谐是人类文明得以延续和发展的载体,要实现人与自然和谐,我们不仅需要有非常完善的环境法规,而且还需要科学的方法来研究新的材料来替代传统的材料,需要广大的人民群众的支持与配合,这样我们才能最终建设起人与自然协调发展的社会。

参考文献

[1] 曾庆存,董超华,彭公炳,等. 沙尘暴及相关的自然灾害[J]. 气候与环境研究,2007,12(3):225-226.

[2] 李栋梁,钟海玲. 我国沙尘暴的气候成因及未来发展趋势[J]. 中国环境科学,2007,27(1):14-18.

[3] 王银梅,韩文峰,谌文武. 化学固沙材料在干旱沙漠地区的应用[J]. 中国地质灾害与防治学报,2004,15(2):78-81.

[4] 王银梅. 化学治沙作用的机理研究[J]. 灾害学,2008,23(3):32-35.

［5］王银梅,谌文武,韩文峰. SH 固沙机理的微观探讨［J］. 岩土力学,2005,26(4)：650－654.

［6］严亮,杨久俊. 新型化学固沙材料的研究现状及其展望［J］. 材料导报：综述篇,2009,23(3)：51－54.

［7］石晓玲. 氯氟烃的使用、危害及其相关的国际公约［J］. 贵州警官职业学院学报,2007：108－110.

［8］董洪涛. 气相法合成 HFC－134a 和 HFC－125［D］. 浙江：浙江大学,2006.

［9］汪训昌.《蒙特利尔议定书》缔约方第 19 次会议第 XIX/6 号决定及相关决议的解读与述评［J］. 暖通空调,2009,39(1)：53－61.

［10］陈美婉,张媚媚,吴传斌. 药用抛射剂含氯氟烃代用品的研究进展［J］. 国际药学研究杂志,2008,35(3)：209－212.

［11］苏莉. 聚氨酯泡沫低密度全水发泡替代氯氟烃［J］. 天津化工,2001,4：24－25.

索　引